건축과 구조

이 주 나

기문당

건축과 구조

2010년 4월 30일 1판 1쇄 발행
2020년 6월 30일 2판 1쇄 발행
2021년 8월 10일 2판 3쇄 발행

저 자 | 이주나
발 행 인 | 강해작
발 행 처 | 기문당
주 소 | 서울시 성동구 무학봉 28길 4-1
전 화 | 02) 2295-6171~5
팩 스 | 02) 2296-8188
홈페이지 | http://www.kimoondang.com
출판등록 | 1976. 10. 7(1976-2)
ISBN | 978-89-6225-854-7 93540

"이 저서는 2007년도 정부(교육인적자원부)의 재원으로 한국학술진흥재단의 지원을 받아 수행된 연구임"(KRF-2007-359-D00021)

| 추천의 글 |

나의 책 '건축 공간 구조이야기' (기문당, 2005)에서, 나는 "건축이 기술(테크놀로지)을 날줄로 하고 감성(이미지)을 씨줄로 한 직물과 같다"는 이야기를 하였다. 오랜 시간 대공간 건축의 구조디자인에 몰두해 오면서 내가 생각한 것은 기술과 예술은 어떠한 방식으로든 융합되고, 그 갈등 속에서 건축이 탄생하게 된다는 것이다.

건축에 참여하는 사람들에게도 마찬가지여서 건축가와 엔지니어는 다양한 방법으로 협동하게 된다. 이 둘이 서로 배척하고 각 분야에서 추구하는 바를 이해할 수 없다면, 그들이 창출해 낸 대안이 합리적이고 효과적일 것이라 기대하기 어려울 것이다.

건축에서 이 두 분야가 가장 기초적으로 공유하고 있어야 하며 발판으로 삼아야 하는 것이 바로 구조에 대한 힘의 이해이다. 특히 힘의 흐름을 효과적으로 전달하는 구조체는 일정한 형태특성을 가지고 있으며 구조방식에 따라 적정 공간을 만들어내는 능력이 다르다. 즉, 구조는 형태와 공간으로 대변되는 건축디자인적 특성과 긴밀한 관계를 맺고 있으며 이것을 이해하는 것은 엔지니어에게는 물론 건축가들에게도 매우 기본적인 일이 된다는 의미이다.

이러한 의미에서 나는 이 책이 매우 중요한 역할을 할 것이라 믿고 있다. 그동안의 경험을 통하여, 이 책의 저자가 건축디자인과 구조원리의 결합을 누구보다도 원하여 왔다는 것을 알고 있기 때문이다.

엔지니어에게는 구조원리를 건축구성과 연관시켜 설명하며, 건축가에게는 디자인에 필요한 구조를 디자인 어휘로 설명하는 이 책은, 건축디자이너를 위한 구조 책이자, 엔지니어에게는 건축디자인이 공학에게 요구하는 바를 느끼게 하는 아이디어 북이 될 것이다.

2010. 3. 29.

전 일본건축학회 회장 / 일본대학 명예교수

사이토 마사오

| 推薦文 |

私は拙著『空間構造物語』(彰国社, 2003)に,”建築というのは技術(テクノロジー)を縦糸にして感性(イメージ)を横糸にした織物のようなものだ”と書いた°.長い間´大空間建築の構造デザインに取り組んできた私が思うのは技術と芸術はとにもかくにも融合しながら´その葛藤の中から建築が生まれるということだ°

建築に携わる人々にも同様で´建築家とエンジニアは様々な方法で協力することになる°両者がお互いに排斥したり´各々の分野が求めていることが理解できないとなると´彼らの新たにつくり出すアイデアは合理的で効果的であることは期待しがたいだろう°

建築においてこの二つの分野がもっとも基本的に共有すべきであり´踏み台にすべきものが構造についての力の理解である°特に力の流れを有効に発揮するために作られる構造体は一定の形態特性を持っていて´構造方式によって適正の空間を作り出す能力が異なる°すなわち´構造は形態や空間で現れる建築デザイン的特性と緊密な関係をもっていてこれを理解することはエンジニアにはもちろん建築家たちにも非常に基本的なことになるという意味だ°

だからこそ私はこの本が重要な役割をしてくれると信じる°今までの経験から´著者が建築デザインと構造原理の結合を誰よりも願っていることが分かっているからだ°

エンジニアには構造原理を建築構成と連関させて説明して´建築家にはデザインに必要とする構造をデザイン語彙で説明したこの本は´建築デザイナーのための構造の本でありながらエンジニアには建築しくみが工学に求めていることを感じさせるアイディアブックになるだろう°

2010. 3. 29.

前日本建築学会会長 / 日本大学名誉教授

斎藤公男

Saitoh Masao

| 서 문 |

구조체는 건축물에서 하중에 저항하고 있는 부분을 말한다. 그런데 구조가 그 본래의 역할뿐만 아니라 건축 안에서 여러 다른 목적에 부합되어 효과적인 구성체로 기여할 수 있는 방안을 찾는 분야가 있다. 그것을 굳이 구별하자면 구조디자인이라는 말로 부른다. 나는 '구조디자인' 이라는 분야를 수면위로 끌어내기 위해 줄곧 노력을 해왔는데, 이 책은 그러한 의도에서 출발한 첫 번째 책이다.

'구조디자인' 이라는 말을 꺼냈지만, 여러 건축 구성요소들의 질서를 찾아가는 건축디자인 과정에서 이 말을 구별하여 사용하는 것은 실은 좀 어색하다. 왜냐하면 건축디자인의 대상이 되는 모든 물리적 요소들은 전부 구조체인 셈이며, 그 중에 힘을 견디는 내력구조체는 필수적으로 존재하는 것이므로 모든 건축디자인 작업이 곧 구조체를 다루는 일이기 때문이다.

뿐만 아니라 상투적인 디자인에서 벗어나기 위해서는 항상 물리체들의 구성을 전례없이 변화시켜야 하고, 건설본능상 새로운 기능과 공간 확장의 수요는 늘 생겨나며, 그럴수록 구조의 역할은 주목받기 마련이어서, 건축디자인 과정에서 구조에 대한 고려는 분리될 수 있는 것이 아니다. 그러니 구조디자인이라는 말은 무척 새삼스러운 말이다.

그럼에도 불구하고 건축가에게 구조는 거리가 먼 존재다. 다시 말해 구조는 언제나 건축디자인의 대상이지만, 잘 이용하지 않는다. 왜 그런가.

이러한 시점에서 나는 건축가들이 구조가 견뎌야 하는 힘에 대해 조금만 더 관심을 가지면 좋겠다고 생각한다. 구조에 대하여 좀 더 알게 되면 이들을 움직여 보다 풍요로운 디자인을 해내는 것이 수월해질 것이다. 그리고 건축을 구성할 때에 공간과 형태 그리고 힘, 이들 모두가 편해지는 방법으로 배열하는 시도를 즐기게 되리라 본다.

물론 구조 공학기술은 다양한 재료나 공법들과 더불어 깊이 있는 발전을 거듭해 왔고, 구조체에 대하여 알아야 하는 기술지식은 대단히 방대하다. 건축디자인 사고를 발전시켜가는 과정 속에 쉽게 버무려 넣을 수 있을 만큼 만만하지 않다는 것이 문제다. 그래서 현란한 구조디자인의 수법의 세계를 펼쳐놓기에 앞서, 건축가들이 혹은 건축가를 꿈꾸는 학생들이 이해하였으면 하는 구조를 건축가의 입장에서 담아 정리할 필요를 느꼈다. 이것이 이 책의 계기이다.

무엇보다도 이 책을 통해 건축가들이 구조의 입장을 충분히 이해하는 기회를 가졌으면 했다. 그래서 이 책에서는 먼저 구조체가 무엇으로 이루어졌는지를 알고 건축 안에서 어떻게 엮여지는지에 관심을 가지는 것으로부터 출발해서, 그 구조체 안에서 벌어지는 힘의 상황에 대하여 설명하는데 집중하였다. 또한 건축의 구성은 힘의 상황과 분리될 수 없으며, 경우에 따라서는 여러 의도로 그 힘의 전달방식을 변화시켜 공간과 형태를 만들어 가는 것임을 역사적 발달과정을 통해 생각해보고자 하였다.

그리고 나서 몇 가지 기초적인 구조시스템의 구성원리를 소개함으로써 빈번히 사용되고 있는 건축구조의 짜임을 구체적으로 파악할 수 있게 하였다. 이 또한 구조체 안에서 발생하는 '힘에 대한 이해' 그 자체를 강조하기 위한 것으로, 본 책의 의도는 그로부터 한 치도 더 나아가지 않았다.

구조에서 일어나고 있는 힘의 원리에 대해서만 알면 나머지 구성은 이제까지 그러했듯이 디자이너의 손에 맡겨진다. 자신의 설계에 '힘'을 이용하는, '구조'를 이용하는 건축가들이 많아지기를 기대한다. 그리고 이 책이 그런 건축가들에게 적게나마 도움이 되길 바란다.

2010. 3. 20.
이 주 나

| 차 례 |

2 Chapter 하중과 응력 Load & Stress

Chapter 1

건축과 구조

Architecture & Structure

1 건축과 구조
Architecture & Structure

구조란 무엇인가_ 구조의 역할과 의미
What is the Structure

일찍이 그리스의 건축가 비트루비우스는 말하기를 견고함(firmitas), 편리함(utilitas), 그리고 아름다움(venustas)이 건축의 3대 요소라고 했다. 건축은 반드시 용도에 맞는 사용가능한 공간을 갖추고 있어야 하며, 그와 동시에 아름다운 형태를 보여야 한다는 것이다. 이와 동시에 그 공간과 형태를 유지할 수 있는 견고함을 가지고 있어야 한다는 의미이다. 현대에 이르러 바람직한 건축에 거론되는 요소는 수도 없이 많이 늘어났지만, 아직도 이 세 가지는 건축의 빠뜨릴 수 없는 목적이자 존재하기 위한 필수 요구조건임에 틀림없다.

우리는 다른 말로 이 세 가지 요소를 구조(structure), 기능(function), 미(aesthetic)라고 부르기도 한다. 이 중 본 책에서 관심을 가지는 구조라는 단어는 건축 외에도 많은 곳에서 듣게 되는데, 그 의미는 무엇일까. 사전에서 그 정의를 찾아보았다.

구조_	어떤 물건이나 조직체 따위의, 전체를 이루고 있는 부분들의 서로 짜인 관계나 그 체계
Structure_	An arrangement or organization ; the way in which parts are formed into a whole

사전적인 의미로 살펴보면, 구조는 반드시 물체와 같이 눈에 보여지는 것이 아니라고 해도 어떠한 대상을 만들어내는 짜임이나 관계를 의미하는 말이라고 설명하고 있다. 눈에 보이는 존재이든 비물질적인 존재이든 어떠한 대상에는 그 대상을 구성하고 있는 부분들이 있을 것이고 그 부분들은 어떠한 방식으로든 관계를 가지고 엮여서 전체를 이루고 있을 것이다. 그 관계나 짜임, 그 자체를 구조라고 부르는 것이다. 이것을 건축물이라는 대상에 적용해보면 건축물을 이루고 있는 각 부의 부분, 그 부분들이 건축물을 구성하고 있는 관계나 짜임이 바로 건축의 구조라고 할 수 있다. 영영사전에서도 보면 구조(structure)의 의미를 결국 무언가의 배열(arrangement) 또는 조직(organization)이라고 설명하고 있는데, 구조라는 단어의 개념을 이해하는데 도움이 된다.

그러므로 건축물의 각 부분, 예를 들면 거실, 주방, 침실 등이 놓이는 공간의 관계라든가, 커다란 복합건물에서 상층부의 주거동과 하층부의 판매시설이 만나고 나뉜 기능의 짜임 등도 넓게는 건축의 구조라고 할 수 있다. 그러나 여기서는 이렇게 포괄적인 건축의 구조를 언급하려고 하는 것이 아니고, 건축물을 이루고 있는 물리적인 부분, 즉 기둥, 벽, 바닥과 같이 만져지고 눈에 보이는 부분의 짜여지는 관계에 대해 이야기하고자 하는 것이다. 건축이 추상물이 아닌 조형물인 것에 관심을 가지자는 것이다. 왜냐하면 무엇보다도 먼저 건축을 구성하는 물체들이 서로 만나 공간과 형태를 형성해내는 방법을 모르고서는 건축물을 구현해내는 것이 불가능하기 때문이다.

그런데 건축을 이루고 있는 물리적인 부분, 예를 들면 기둥, 벽, 바닥과 같은 부재들을 대하고 보면, 우리가 건축물을 이들 재료로 만들어내기는 하지만 정작 사용하는 것은 이들이 아니라 이들이 만들어내는 비워진 공간이라는 점에 좀 당황하게 된다. 왜냐하면 재료는 지구상에 존재하는 한 자기 무게를 가지고 있는데 공간을 만들기 위해서는 이 무게를 있는 그대로 흘러가게 둘 수 없기 때문이다. 공간을 만들기 위해서 필요한 물체들이긴 하나 그 무게를 잘 처리해 우회시켜야 하는 숙명을 가지게 되는 것이다.

그러므로 건축을 만들어내는 구조체들의 관계에서 '힘' 이라는 성질을 제외하는 일은 있을 수 없다. 다시 돌아가 건물의 3대 요소와 연관지어 생각해보면 구조는 건물의 형태와 공간을 만들기 위한 것으로, 가용공간을 만들어내고 형태를 유지하기 위해서 중력에 저항하여 힘을 처리해야 하는 역학적 구성체라고 정의할 수 있겠다. 따라서 건축구조는 역학적 제한에서 벗어날 수 없고 늘 이것이 건축가들에게 어려운 숙제가 되어 왔다. 가끔 건축가들이나 건축학도들이 건축구조를 골치아픈 역학의 결정체로 혹은, 때론 무겁다 못해 가끔은 무너지는 거친 재료들의 뭉치쯤으로 여기는 것을 보게 되는데, 이것은 건축구조 안에 숨어 있는 힘의 원리만을 부각시켜 인식하고 있는 경우라고 여겨진다.

그러나 앞서 설명한 것처럼 구조의 역할은 힘의 전달만으로 국한되지 않는다. 광범위한 구조의 역할 중에 물리적인 요소들 간의 관계만 주목한다 하더라도, 단순히 저항강도를 결정하는 일 외에 요소들의 짜인 관계나 배열에 관한 포괄적인 문제를 담고 있으며, 이것은 건축물의 형태와 공간을 결정하는 디자인 작업에 크게 관여하는 것이라는 것을 알 수 있다. 물론 건축구조를 이해하는데, 그리고 재료들의 배열과 관계를 결정하는데 힘의 원리는 매우 중요하며 근본적인 배열의 열쇠를 가지고 있다. 그래서 본 책에서도 매우 중요하게 다룬다. 그러나 구조에 대하여 보다 넓은 인식을 가지고 건축형성 과정에서 구조와 형태 및 공간구성을 통합적으로 고려하는 것은 더욱더 중요하다. 왜냐하면 구조는 건축본질에 닿아있는 매우 기초적인 요소이기 때문에, 구조에 관한 인식을 넓혔을 때 건축형성의 근본적인 질서에 관여하는 보다 다양하고 합리적인 디자인 기회를 얻게 되기 때문이다.

요약해서, 구조라는 용어가 내포하고 있는 여러 의미를 고려했을 때, 우리는 건축에서 공간끼리의 얽혀있는 관계라든지, 모든 물리적 구성체의 관계를 '구조' 라고 표현할 수 있다. 이 경우가 광의의 구조라고 설명할 수 있겠다. 그 안에서 특별히 건축물 전체의 존립에 관여하여 힘에 대한 저항기능을 가지고 있는 물리적 요소들의 짜임은 광의의 구조 안에 속해있는 협의의 구조라고 해보자. 이 협의의 구조가 이제까지 우리가 '건축구조' 라고 익숙하게 불러왔던 부분이며, 실은 이 책의 제목인 '건축과 구조' 에서 '구조' 가 의미하는 부분도 이 협의의 구조에 해당된다고 설명할 수 있다.

즉, 이 책은 건축에서 힘과 관련된 구성요소들에 관한 이야기를 다룬다. 구조 중에서도 구조라고 할 수 있는 부분에 관한 이야기이다. 그러므로 건축에서 필요로 하는 힘은 무엇이고 구조체에서 그 힘을 어떻게 다루는가를 면밀히 살펴볼 것이다. 그러나 관심을 이것으로 국한하지 않고 이 협의의 구조가 어떠한 방식으로든 건축전반의 구성과 밀접한 관계를 가지고 있다는 것을 늘 염두에 두자는 것이다. 건축이 무너지지 않고 서있는 법에 대하여 우선 알고 나서 건축의 구성을 고민하자는 의도이며, 이를 통해 건축과 구조의 관계를 올바르게 끌어내는 균형잡힌 사고를 얻을 수 있을 것으로 기대한다. 이런 의미에서 본 책은 구조와 건축이 맺고 있는 관계를 알아보는 것에서부터 시작할 것이다.

건축과 구조의 관계
Relationship between Architecture and Structure

건축물은 다양한 물체들로 구성되는데 이들 전체가 힘과 관계된 것일까, 아니면 힘을 받는 뼈대는 별도로 안에 숨겨져 있는 것일까. 건축구성체 중에는 힘을 배제하고 아름다움과 기능을 위해서만 움직일 수 있는 부분이 있는 것일까. 이러한 질문에 대한 답을 알고 있어야 여러 종류의 벽, 바닥, 기둥 등을 움직여 건축물을 구상하고 디자인할 수 있을 것이다.

건축물을 구성하고 있는 여러 요소들 중에는 하중에 저항하며 건물의 골격을 유지하고 있는 진정한 의미의 내력 구조체가 있고 그렇지 않은 비내력 구조체가 있다. 내력 구조체가 앞서 기술한 협의의 구조에 해당하는 뼈대이며, 비내력 구조체는 힘과 관계없이 공간을 설정하거나 형태를 결정짓기 위하여 존재하는 구성체이므로 '건축요소' 라고 칭할 수 있겠다.

옆의 그림처럼 단순한 건축물의 구성 예를 통해 우리 주변에서 흔히 볼 수 있는 구조요소와 건축요소를 살펴보자.

구조요소_ Skeleton	기초 / 기둥, 내력벽 / 큰 보, 작은 보, 바닥, 지붕 / 계단 foundation / column, wall / girder, beam, slab, roof / stair
건축요소_ Envelope	비내력벽/ 천장 / 창호 / 장식재, 마감재 curtain wall / ceiling / window, door / ornament, finishing

모든 요소들은 건축의 형태 및 공간결정에 직간접적으로 기여하는 요소들인데, 그 중 건축요소는 힘을 지탱하는 역할로부터 자유로운 요소들임을 알 수 있다. 실제 이러한 요소들이 조합되어 건축물이 이루어진다. 그러나 건축요소와 구조체의 구분이 명확한 경우도 있고 모호한 경우도 있다. 예를 들어 벽과 같은 경우는 매우 까다로워서, 어느 경우에는 공간을 구획하고 형태를 표현하면서도 힘을 견디는 일도 하는 내력벽이 있는가 하면, 공간구

1

서울_ 구 기무사 본관건물 근대문화재. 철근콘크리트 라멘조로 1937년 건립

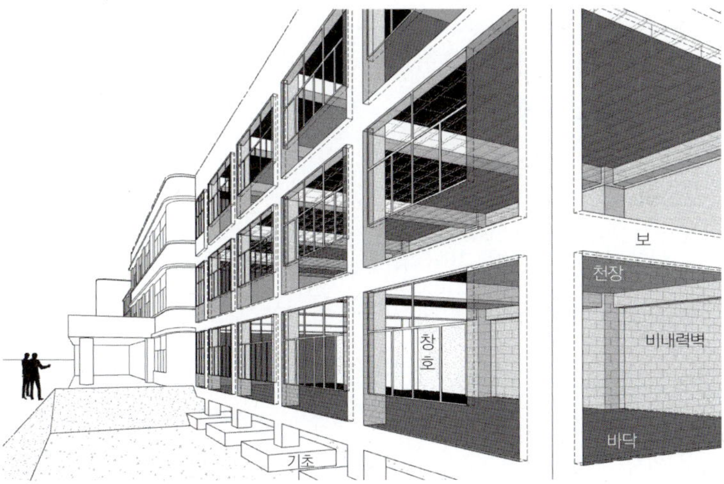

구 기무사 본관건물의 구조_ 철근콘크리트 골조와 벽돌 비내력벽, 창호 등으로 이루어져 있다.

획기능만을 가지고 있고 힘으로부터는 자유로운 비내력벽도 있다. 이미 완성된 건축물에서는 벽의 역할 구분이 쉽지 않고 건축계획 중에 이들 요소의 결합은 설계자의 결정에 달려있다.

내력 구조요소와 비내력 건축요소를 모두 광의의 구조로 포괄하고 보면, 실은 건축의 모든 디자인이 구조체들의 변화와 조작으로 이루어지고 있는 셈이다. 어떠한 건축물이든 땅위에 존재한다면 힘을 받고 있는 구조가 있다. 그리고 공간과 형태를 구성하기 위해 붙여지는 많은 건축요소들이 존재한다. 이들은 어떠한 관계를 이루고 있을 것인가. 이것을 파악하는 것이 건축물의 구성과 구조의 역할을 이해하는데 가장 기본적이며 주요한 시각이 된다고 하겠다.

구조요소 = 건축요소 Skeleton = Envelope

구조체는 필수적이다. 그러므로 구조체만이 단독으로 존재하여 건축물이 되는 경우도 가능할 것이다. 골조가 형태결정요소이자 공간구성요소인 경우로, 곧 구조만으로 된 건축물을 의미한다. 이글루를 상상하면 쉽게 이해할 수 있는데, 고대부터 돌이나 벽돌 같은 구조적 제한을 가진 재료를 이용하여 넓고 높은 건축을 지어야 했던 여러 건축물들은 구조체로 구성될 수밖에 없는 경우도 있었다. 현대건축에 와서는 창호라든가 비내력벽 등 건축요소의 추가 없이 완벽하게 구조만으로 된 건축물을 찾아보기 어렵지만, 구조체가 전반적인 건물형태와 공간구성요소가 되며 설계프로그램을 주도하는 경우가 여기에 속한다고 할 수 있다.

예를 들어 옆의 사진에서 나타낸 일본의 눈으로 지은 집 가마쿠라를 보자. 눈의 압축력을 이용하여 둥근 형태의 구조체를 만들면 내부에 공간이 생겨난다. 보다 큰 규모의 건조물 로마의 판테온을 보자. 돌을 쌓아올려 만

2

힘을 받는 벽이 공간과 형태를 만드는 눈집 가마쿠라(내 · 외부)

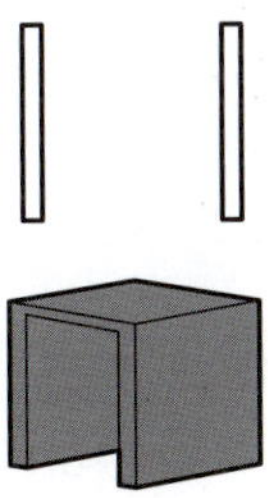

공간과 형태는 움직일 수 없다.

구조요소 = 건축요소

든 이 구조물은 둥근 벽과 지붕으로 하중을 전달하고 있으며, 이 구조체 그대로 이용해 내부에 높고 입체적으로 둥근 공간을 만들어 신전으로 사용하고 있다. 나타나는 형태나 공간 모두가 구조에 의해 결정된 것이므로 규모가 크던 작던 구조의 조건이 대단히 지배적인 요소가 된다.

이 경우에는 모든 부재가 힘을 받고 있는 경우이므로 임의로 삭제하거나 개구부를 내는 것은 할 수 없다. 따라서 초기에 결정된 형태와 공간의 확장이나 변화를 가져오는 것이 쉽지 않아 활용성이 비교적 떨어진다고 볼 수 있다. 예를 들어 현재 우리가 즐겨 사용하고 있는 내력벽식의 아파트를 보면 방을 구획하는 벽 자체가 구조체가 되므로 방을 확장하거나 구체를 변화시켜 용도를 바꾸는 일이 매우 어려운 것이다. 그렇지만 구조체와 건축요소가 일치되어 하나의 구체로 활용되고 있으므로 형태나 공간구획을 위해 별도로 도입되는 구체가 없어 하중이 가볍고 시공이 단순화 되는 등 효율적인 면이 있다. 따라서 역학적 혹은 구축적 효율성을 필요로 하는 건축물에서는 이 조합이 필수적으로 선택되기도 한다.

이를 테면 스타디움이나 커다란 전시홀과 같은 대공간 건축물 등이 그 예이다. 최근에 건립된 베이징 올림픽 경기장도 이러한 예 중 하나라고 할 수 있는데, 마치 새집과 같은 이미지를 주는 형태구성요소는 그림에 보이는 것처럼 수직하중을 받는 휨 구조시스템과 수평지지 구조시스템을 겸하고 있다. 힘을 받는 구조체가 건축이미지의 거의 대부분을 구성한다.

대공간 혹은 초고층과 같이 구조적 능력이 중요하게 되는 경우에는 건물의 형태나 공간설정을 할 때에 구조체가 매우 지배적인 요소가 되며 구조체 자체로 건축적 역할을 모두 해결하려 하는 것을 자주 볼 수 있다. 따라서 결과적으로 나타나는 건축물의 형태나 공간은 구조의 영향을 크게 받게 된다.

3

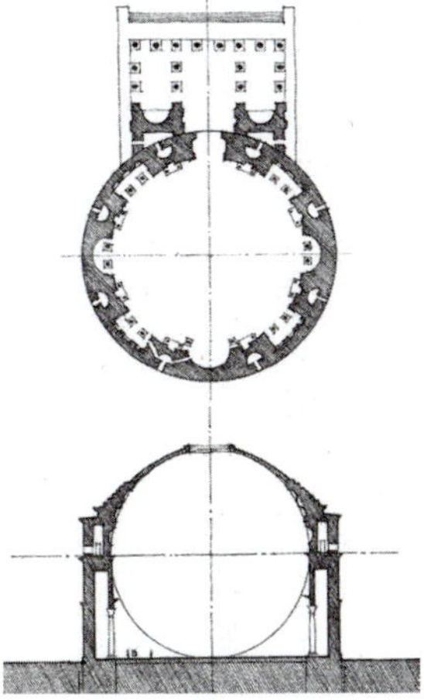

로마_ 판테온 원통형의 하부구조와 돔지붕이 건축의 전체

4

베이징_ 올림픽 스타디움 주 골조와 안정골조인 철골구조체가 곧 형태요소

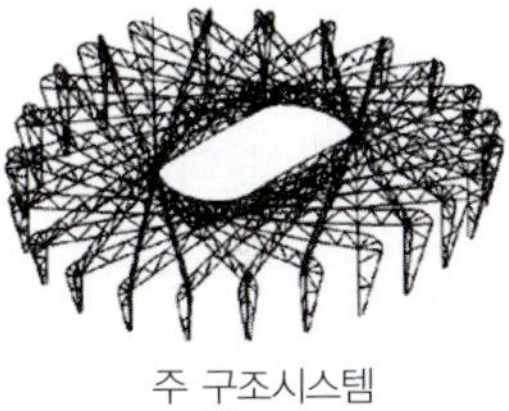

주 구조시스템

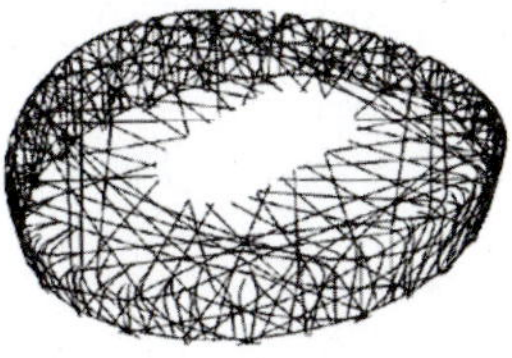

안정 구조시스템

구조요소 = 건축요소

구조요소 + 건축요소 Skeleton + Envelope

원시시대 때 나무로 뼈대를 구성하고 가죽으로 외피를 둘러 만들었던 천막을 생각해보자. 힘을 받고 집을 유지시키는 나무골조는 별도로 존재하며 공간을 만들어내는 외피는 골조를 덮고 있을 수도 있고 가끔은 걷어져 공간을 개방할 수도 있었다. 많은 건축물이 이렇게 구조요소와 건축요소가 분리되어 조합되는 방식으로 지어진다.

구조체와 건축요소를 분리해 조합하는 수법을 사용하면 힘의 영향으로부터 벗어난 건축요소들을 자유롭게 활용하여 공간과 형태표현을 할 수 있다는 장점이 있다. 근대에 르 코르뷔지에는 그의 '근대건축의 5원칙' 에서 이 수법을 '자유로운 평면' 이라 부르며 강조하였는데, 이 역시 구조와 건축요소를 분리하여 다양한 방법으로 조합하면 새로운 공간감과 형태를 가진 건축을 설계할 수 있음에 주목하였던 것이다. 당시에는 구조와 건축요소가 일치되는 배열이 주도적이었던 상황이었기 때문에 다분히 새로운 건축제안이 되었지만, 지금에 와서는 주위 사례에서 아주 쉽게 접할 수 있는 흔한 구성방식이 되었다. 구조체를 기본으로 두고 그 위를 덮는 닫혀진 벽체 혹은 개방적인 유리 등의 건축요소와 조합하거나 삭제시키는 방법 등으로 다양하게 디자인된다. 건축가의 아이디어에 따라 조합방식은 참으로 다양하게 변화할 수 있는데, 옆에 나타낸 것처럼 유형적으로 크게 4가지를 살펴보고자 한다.

첫째는 분리된 구조체와 건축요소이지만 이를 동일한 선상에 배열하는 경우이다. 근대건축에서 자유로운 평면을 외치기 전까지 고대의 대부분의 건축물에서 나타나던 수법이었고, 현대에도 가장 일반적으로 보여지는 방식이다.

5

뼈대에 외피를 덮어 만들었던 원시 수혈주거(내 · 외부)

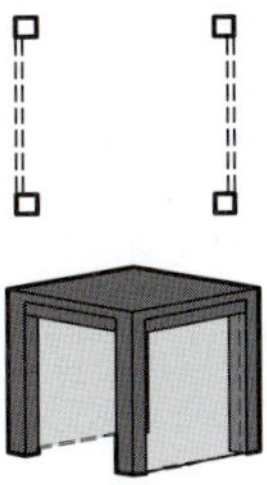

구조와 건축요소가
동일하게 배열된 경우

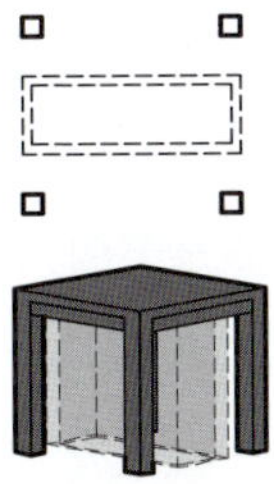

구조가 외부로
돌출된 경우

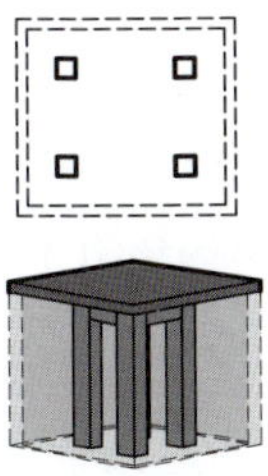

건축요소가
외부로 돌출된 경우

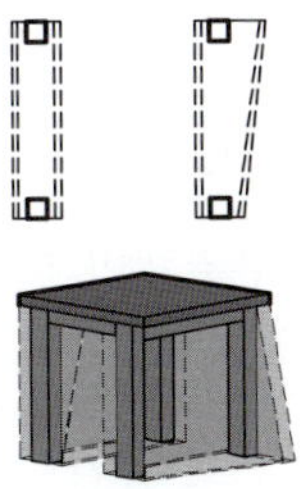

구조요소가
은폐된 경우

비내력 건축요소를 다양하게 조합한다.

구조요소와 비내력 건축요소를 조합하는 4가지 유형

구조요소 + 건축요소

이 방식의 일반적인 예는 학교건물에서 쉽게 볼 수 있다. 학교 건물 중에는 기둥과 보로 된 구조체에 교실과 복도의 구획을 제거할 수 있는 벽으로 구성한 경우가 많다. 구조체가 비내력벽 사이사이에 들어 있는 것을 볼 수 있는 경우도 있고, 기둥이 비내력벽과 동일선상으로 숨어들어 비내력벽과 구조체의 구분이 어려운 경우도 있다.

우리나라의 구 기무사 본관건물(건립당시 경성 의학전문학교)은 1937년 경 철근콘크리트로 건립된 근대건축문화재로 이러한 구조와 건축요소의 배열을 사용한 근대건축의 전형적인 예라고 할 수 있다. 당시 근대건축 어휘를 충실하게 따른 건축물로, 뼈대는 기둥과 보로 이루어진 철근콘크리트 라멘조로 구성되어 있다. 여기에 외장재로 비내력벽인 붉은 벽돌벽이 기둥과 동일한 위치에 덧붙여지고(지금은 기무사 시절 덧붙여진 드라이비트 마감재 모습을 보이고 있다.) 내부에는 목재 심벽과 벽돌벽으로 각 실이 구획되어 있다.

따라서 전면에서 보면 창문들은 기둥의 배열간격을 그대로 보여주고 있으며 기둥이 드러나지는 않지만 하중이 전달되는 수직부재의 존재를 느낄 수 있다. 내부를 보면 당시 진료실과 복도, 또는 넓은 로비 등으로 사용하기 위해 공간의 크기에 따라 구조모듈의 위치가 변화되는 모습을 볼 수 있는데, 이 경우 구조체의 위치를 결정할 때에 공간결정이 동시에 고려되고 있다는 것을 알 수 있다. 즉, 구조와 건축요소를 동일선상에 배치하는 경우에는 구조의 배열과 공간의 구획 그리고 입면 외관은 구조체의 위치로부터 자유로울 수 없고 동시에 계획되어진다는 것이다.

구 기무사 본관건물에서 흥미로운 것은 초기 근대건축임에도 불구하고 건축요소과 구조의 조합이 다채롭게 이루어졌다는 점이다. 내부 일부에는 구조체만을 분리시켜 넓고 대칭적인 로비공간을 만들어낸 부분도 있고, 칸막이벽의 위치를 따라 구조체를 배치하다가 로비공간으로 넓어지는 부분에

6

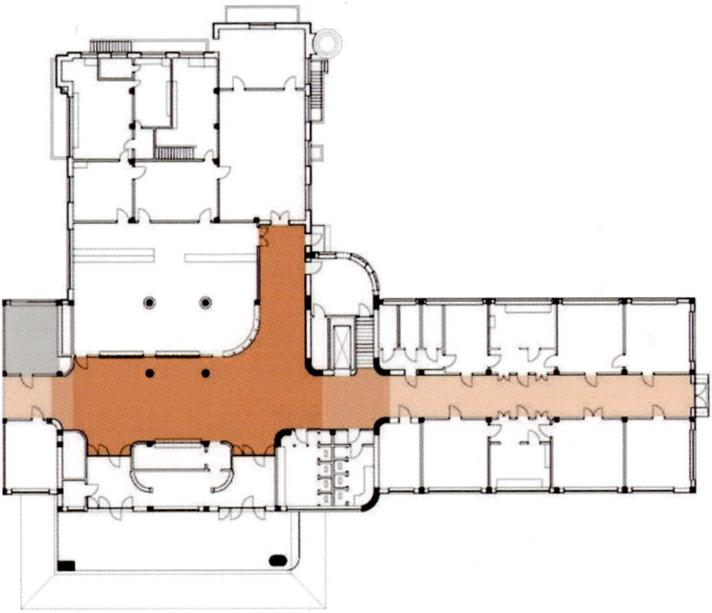

서울_ 구 기무사 본관건물 외관은 구조와 외피가 동일하게 배열되고, 복도와 진료실은 구조와 내부칸막이가 동일하게 배열되어 있다. 보다 넓어진 로비공간에서는 내부칸막이가 구조로부터 자유롭게 배치된 것이 보이고 구조배열을 변화시키기 위한 곡선형의 기둥을 사용한 것이 보인다.

구조요소 + 건축요소

서는 기둥을 곡선으로 변화시켜 의장적인 효과를 동시에 고려한 부분도 있었다. 건물 내외부 계획에 있어 구조와의 조합관계를 설계어휘로 사용하였다는 점이 주목된다.

이와 달리 구조부재의 배열과 건축요소의 배열이 일치하지 않는 경우도 있을 것이다. 먼저 기둥이나 보 등의 구조체가 건축요소보다 외부로 돌출되어 강조되는 경우를 생각해 볼 수 있다. 이 경우에는 구조체와 건축요소 간에 공간이 형성되고 구조체의 형태가 외관에 크게 영향을 미친다. 구조체를 강조하고 싶을 때 이런 구성을 시도하게 될 것이다.

유명한 역사적 건축물 파르테논도 이 구성방식을 사용한 건축물이라 소개할 수 있다. 돌기둥과 보로 구성된 주 구조부재가 전면에 드러나고 내부 전실공간을 구획하는 벽체(물론, 이 벽체도 내부 목조지붕을 지지하는 구조체이긴 하지만)는 안으로 물러나 있다. 그러다보니 열주와 내부 전실 사이에 회랑과 같은 공간이 생기고, 외부로 드러난 구조체는 건축형태의 매우 중요한 부분을 차지하게 된다. 대개 이 경우 구조체는 장식되고 과장되는 경우가 많다. 실제 파르테논도 대부분의 의장적인 효과가 구조체의 조절을 통해 이루어졌다. 압축저항능력을 고려하였을 것으로 여겨지는 배가 불룩한 기둥과 보에서 흘러 내려오는 힘을 돕는 주두 등 외관을 고려하여 구조체가 조금씩 조절되었던 것이다.

유사한 이미지가 고대의 그리스 로마 건축물에 반복적으로 보여지는데, 또다른 한 가지 예로 프랑스 님에 있는 로마유적 메종카레를 보면 전면에는 파르테논 신전처럼 구조체를 돌출시키고 측면과 후면은 구조체와 건축요소인 비내력벽을 동일선상에 배치한 구성을 볼 수 있다. 비교적 규모가 작은 고대 건축물에서 자주 나타나는 구성인데, 규모가 작고 충분히 표현을 고려할 수 없는 건축물이라 할지라도 적어도 전면에서는 그 상징성과 전면성을

7

그리스 아테네_ 파르테논 신전 돌출된 구조체가 건물외관의 대부분을 결정하고 있다.

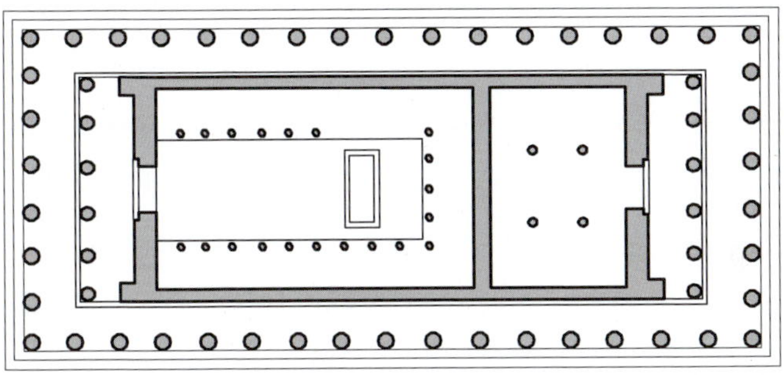

구조요소 + 건축요소

강조하기 위하여 구조체를 돌출시키고 건축요소를 후퇴시키는 조합방식을 전형적인 건축어휘로 사용했음을 파악할 수 있다.

이 메종카레의 설계어휘는 한 마당 안에서 이 건물과 마주보고 있는 노만 포스터의 카레 다르(Carré d' Art, 님 시립 현대미술관)의 건물의 전면에서도 유사하게 반복되어 관심을 끈다. 현대식 문화시설인 이 건물은 석조 대신 콘크리트를 사용하고 비내력벽을 유리로 마감하였지만 전면에 골조를 돌출 배치시킴으로써 메종카레와 통일감을 보여주고 있다. 메종카레라는 역사적 건축물에 인접하는 건축물로서 그 존재감을 인정하고 차별되면서도 융합되어나가는 설계를 선택하지 않았을까 짐작되는데, 이때 사용된 것이 구조와 비구조체의 조합방식을 동일하게 하는 것이었다. 유심히 보면 건축설계의 많은 부분에서 설계자들은 구조체와 비구조체의 조합을 고민하고, 그리고 그것을 매우 비중있게 다루고 있다는 것을 알게 될 것이다.

반대로 구조체보다 건축요소가 외부로 돌출되는 경우도 있게 된다. 이 역시 구조체와 건축요소 간에 다양한 공간이 발생하게 되며 외부에서는 이미지를 우선하는 건축요소가 강조된다. 이러한 조합은 외부 건축요소를 유리벽으로 만느는 커튼월 입면 예에서 흔히 볼 수 있는데, 경우에 따라서는 외부 건축요소 속에 구조체를 숨겨서 어떻게 건축물이 힘을 전달하고 있는지 드러나지 않게 하려는 의도를 가진 경우도 있다. 어떠한 재료를 쓰던 간에 이 조합방식을 적용하면 외부 입면 이미지는 건물 구조체의 배열로부터 자유로워진다.

반면에 내부에서 보면 구조체가 드러나게 되므로 내부에서 구조체를 활용한 공간구성을 시도하거나 혹은 구조체를 이용해 내부 형태효과를 이루려는 시도 또한 가능해진다.

8

프랑스 님_ 메종카레(로마시대) 측면은 구조와 건축요소가 동일선상에 배열되었지만, 전면은 구조가 돌출된 구성으로 정면성을 확보하고 있다.

9

프랑스 님_ 카레 다르 노만 포스터 설계. 현대적 건물이지만 메종카레와 통일성을 고려해 전면에 기둥을 돌출시키는 수법을 사용하였다.

구조요소 + 건축요소

구조요소와 건축요소의 조합을 극대화하여 근대건축의 양식을 정형화했던 르 코르뷔지에의 대표적 작품, 빌라 사보아에도 이 조합 패턴이 보여진다. 빌라 사보아에는 의도적으로 구조체로부터 건축요소를 분리 조합한 부분이 여러 곳 보이는데, 1층에는 구조요소만을 남겨 필로티로 구성했고 내부 칸막이벽들은 규격화된 구조체로부터 대단히 자유롭게 움직인다.

특히 외부 입면요소는 옆으로 길다란 수평창으로 주된 이미지를 표현해내고 있는데, 이것은 외벽이 위에서부터 내려오는 힘으로부터 자유롭다는 의미를 내포하고 있는 것이다. 실제로 이 수평창을 가능하게 하기 위하여 외벽은 비내력 건축요소로 하였고 기둥이나 보로 이루어진 구조체로부터 돌출되어 있다.

이러한 외피를 구조체로부터 자유롭게 하는 구법은 보다 힘의 투명성을 강조하기 위하여 점차 전체가 유리로 된 커튼월로 시도되었고, 현대건축의 주된 입면요소가 되기도 하였다.(커튼월curtain wall이라는 용어 자체가 모든 비내력벽을 의미하는 말이지만, 흔히 커튼월이라는 용어는 전면이 유리로 된 비내력벽을 의미하는 말로 이해된다.)

최근에 주변에서 쉽게 볼 수 있는 건물 중에는 이제까지의 전형적인 매스구성에서 벗어나서 건물의 덩어리를 자유롭게 공중에 부양하고 있는 듯한 디자인도 많이 보이는데, 이러한 디자인도 외관을 힘으로부터 자유로운 것으로 보이게 하려는 의도를 가지고 있는 것이므로 주 구조체로부터는 분리된 외피를 취하지 않으면 안 된다. 어떠한 의도이든 건축가가 자신이 설계하고자 하는 건물에서 힘을 어떻게 처리하고 구조와 건축요소를 어떻게 조합할 것인가를 매우 초기부터 결정해야만 착오없는 설계가 이루어지리라고 생각된다.

10

프랑스 포이시_ 빌라 사보아 다양한 구조와 건축요소의 관계를 보여준다. 구조보다 외피를 돌출시켜서 수평 연속창을 구성하였다.

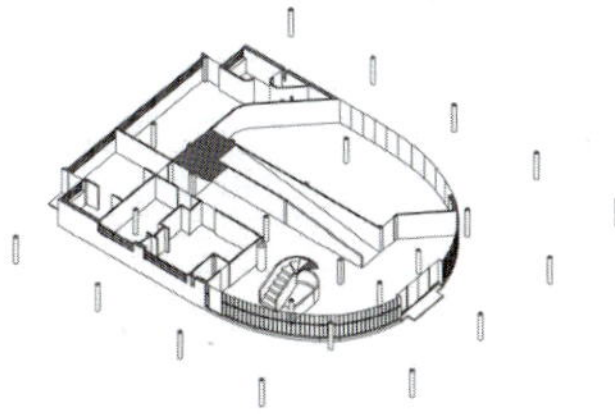

1층의 구성

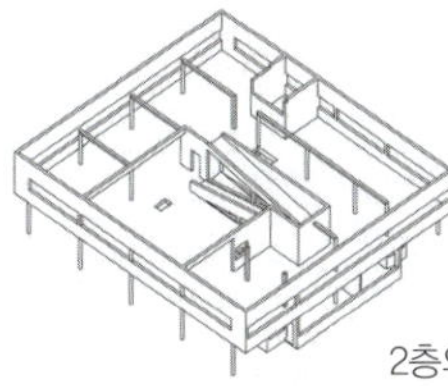

2층의 구성

11

서울_ 공간사옥

독일 슈투트가르트_ 박물관

구조보다 돌출된 건축요소 - 커튼월

구조요소 + 건축요소

그런가 하면 건축물 안에서 구조가 어떻게 배열되어 있는지 전혀 알 수 없게 완전히 감춰놓은 구성도 보인다. 프랭크 게리의 작품처럼 요즈음 유행하는 비정형 건축 등에서 보여진다. 건립되어 있는 건물이라면 어찌되었든 구조가 존재할 것이다. 그러나 이들 건축물에서는 나타난 형태와 만들어진 공간은 볼 수 있지만 구조의 배열과 구성은 잘 나타나지 않는다. 건축요소 안에 구조체가 철저하게 숨겨져 있어서 그렇다. 설계 시에는 형태와 공간설정에 주안점을 두고 자유로운 건축요소를 배열하는 것에 집중하며, 구조는 눈에 띄지 않게 이들 건축요소를 성립시키는 방향으로 짜여지는 방식이다.

최근에는 구조기술의 발달로 어려운 형태나 공간을 어떻게든 지원할 수 있는 여건이 마련된 것으로 보이기도 한다. 건축가들의 구조에 대한 신뢰(?)가 높아지고 있는 것 같기도 하다. 그러나 분명한 것은 구조에 대한 고려가 없는 형태는 합리적인 방향에서 해결되기 어려운 경우가 많고, 특별히 그것이 규모가 큰 경우에는 야기되는 문제가 더욱 커진다는 것이다.

그렇지만 정형화된 힘의 흐름을 벗어나는 새로운 형태를 만나는 일은 즐겁고 기대되는 일이다.

구조요소 + 건축요소 + 부가구조 Skeleton + Envelope + Extra Structure

구조체와 건축요소가 조합되는 구성에서 더 나아가, 건축물에 부수적인 구조체를 덧붙이는 구성도 가능하다. 여기서 부가구조는 덧붙여지는 구조물이기 때문에 건물 전체의 존립에 영향을 미치지 않는 것을 말한다. 출입구의 캐노피와 같은 기능을 가진 구조물이기도 하고, 장식을 위해 덧붙여지기도 하는 등 건축 표현적 의도에 더 가까운 구조체를 의미한다. 건축의 장식재는 마감이나 도색과 같이 면에 덧붙여질 수도 있지만 어느 정도 체적을 가지게 되면 의도하지 않더라도 하중에 저항하는 구조체를 갖추어야 한다.

12

13

파주_ 열린책들 사옥 **논현동_ 의화빌딩**

구조보다 돌출된 외피는 힘의 연속성에서 탈피된 이미지를 보여줄 수 있다.

14

스페인 빌바오_ 구겐하임 미술관 구조가 외피에 의해 감추어져 있고 힘의 전달방식은 짐작할 수 없다.

그런 의미에서는 장식이나 여타 다른 기능의 구조물을 부착한다고 해도 구조체로서 힘의 전달방법을 고려해야 할 필요가 생긴다.

고전에서도 이렇게 구조체를 장식으로 활용하는 예는 많이 있었다. 예를 들면 팔라디오가 설계한 팔라쪼 발마라나와 같은 르네상스 시대의 건축물에서는 장식기둥이 붙여지기도 하였다. 당시에는 그리스 건축을 미적인 규범으로 생각해 옮겨오는 과정에서 그리스 건축이 외부로 돌출시켜 강조했던 기둥의 배열을 입면디자인의 장식모티브로 옮겨온 경우이다. 실제 힘은 기둥으로 전달되는 것이 아니라 기둥으로 표현된 부분이 있는 내력벽 전체로 전달되므로 기둥부재는 필요없는 것이었다. 그럼에도 불구하고 구조재인 기둥은 장식적 효과로 인해 부가적으로 덧붙여졌다.

입구의 햇빛이나 비를 가려 현관의 출입을 돕는 기능을 가지고 있으면서 건물입면을 장식하는 캐노피 같은 경우에도 힘을 받는 구조체를 덧붙여 구성하는 방식이라고 볼 수 있다. 캐노피는 입구부분에 기둥을 가지고 있는 경우나 혹은 기둥없이 내민 방식으로 건물에 붙여진다. 또는 옥상에 추가적으로 덧붙여진 구조물이나 장식적인 이유로 덧붙여지는 구조체도 있다. 예를 들어 비상하는 관청의 이미지 개선을 위해 커튼월 외부로 덧붙여진 구조체를 가진 건물도 있고, 매스구성을 위해 장식용 구조체를 덧붙인 건물들도 있다. 이러한 부가구조들은 자기 무게는 견뎌야 하는 등 구조체의 역할을 하지만 삭제되어도 건물 전체의 구조에는 영향을 주지 않는 방식으로 고안된 것이다.

이와 같이 구조와 건축 간의 관계를 고려해 보면, 이들 관계를 설정하는 것에서부터 형태와 공간이 생성되며, 그 과정에서 상당히 다양한 구성효과가 얻어지고 있다는 것을 알 수 있을 것이다. 실제 건축설계에서는 이들 조합방식 중 어느 한 가지를 고집하지 않고, 요구되는 기능과 디자이너의 의

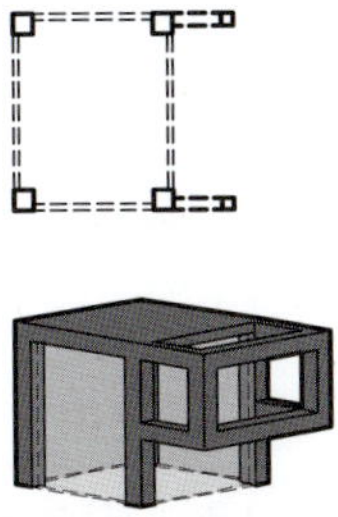

건물에 존립에 관계없는 구조요소가 덧붙여지기도 한다.

15

이탈리아 빈첸짜_ 팔라쪼 발마라나(르네상스 시대) 기둥은 내력벽에 덧붙여진 장식이다.

구조요소 + 건축요소 + 부가구조

도에 따라서 다양한 선택이 이루어진다.

어찌되었든 건축물에는 필수적으로 구조가 내재되어 있으므로 힘을 받는 부분이 힘을 받지 않는 부분과 짜여져 있게 된다. 건축을 만드는 사람들은 누구든 이를 조정하여 설계하는 것이고, 구조엔지니어는 그 중 힘에 대한 안전을 조금 더 깊이 생각하는 것뿐이다. 서로의 역할이 구분되어 있는 것처럼 생각되기 쉽지만, 실은 건축과 구조는 매우 유기적으로 관계하고 있고 그것을 분리해내기란 애초 불가능한 것이다.

더욱이 우리가 공부하려고 하는 구조는 구조 홀로 존재하기 위해서 만드는 대상이 아니다. 스스로 건축이 되거나, 아니면 건축 안에 존재하거나, 아니면 건축의 기능을 부수적으로 돕는 방식으로 건축과 함께 연관되어 존재하는 것이다. 구조의 힘의 배열이나 저항방식에 대해 상세히 공부하기 전에 우리가 궁극적으로 가지고 있는 목표, 즉 건축을 일궈내는데 구조가 어떤 방식으로 엮이고 기여하는지 파악하는 일이 보다 중요하지 않을까.

건축물에서 뼈대를 고려하지 않거나 혹은 구분해내지 못하면서 아름다움과 기능을 위해 물체들의 질서를 세우는 일은 불가능하다. 그러므로 건축과 구조의 관계를 파악하는 것은 모든 건축작업에서 첫 번째로 필요한 일이라고 강조하는 바이다.

16

17

환경조절 기능을 가진 부가구조를 덧붙이기도 한다.

18

19

장식이나 상징적 이미지를 위해 부가구조를 덧붙이기도 한다.

구조요소 + 건축요소 + 부가구조

구조가 갖추어야 하는 것_ 구조의 필수요건
Essential Requirements of Structure

건축 안에 존재하는 구조가 힘에 저항하는 역할을 수행하기 위하여 필수적으로 요구되는 조건은 무엇일까. 흔히 튼튼한 구조라는 것은 구체적으로 어떤 요건을 만족시키고 있는 것일까. 여기서는 구조가 구조답기 위해서 반드시 필요한 요구조건에 대해서 알아본다. 크게 4가지가 있는 것으로 살펴볼 수 있는데, 넓게 보면 2장 이후의 이야기도 이 4가지 기본요건을 만족시키는 방법을 구체적으로 설명하는 것이기 때문에 기본사항으로 충분히 이해할 필요가 있다.

균 형 Balance

건축구조에는 작용하는 힘의 반대방향으로 그 힘에 맞서 균형된 상태, 혹은 평형상태가 되도록 하는 것이 필수적으로 요구된다. 너무 당연한 것이라서 오히려 의아할지 모르지만 모든 사물의 구조가 균형상태를 요구하는 것은 아니다. 예를 들어 자동차는 이동을 위해 만드는 대상이므로 자동차의 구조는 힘의 균형이 기본 요구조건이 아니다. 다른 움직이는 기계들도 마찬가지이다. 그러나 건축물은 다른 운동물체들의 구조와 달리 힘이 작용하였을 때 움직이지 않는 균형상태가 요구된다. 균형을 이루기 위해서는 작용하는 힘과 동일한 힘이 반대편에서 작용하여 구조체 내부에서 저항할 수 있는 조건이 성립되어야 한다.

구체적으로 살펴보자. 땅위에 놓여지는 건물에는 중력이 작용하여 위에서 아래로 힘이 작용한다. 우리 눈에는 땅위에 잘 서있는 것같이 보이지만 만일 땅이 충분히 받아줄 수 없다면 어떻게 될 것인가. 아래로 움직일 것이다. 이와 달리 지면으로 내려앉지 않고 있는 것은 작용하는 힘과 동일한 반

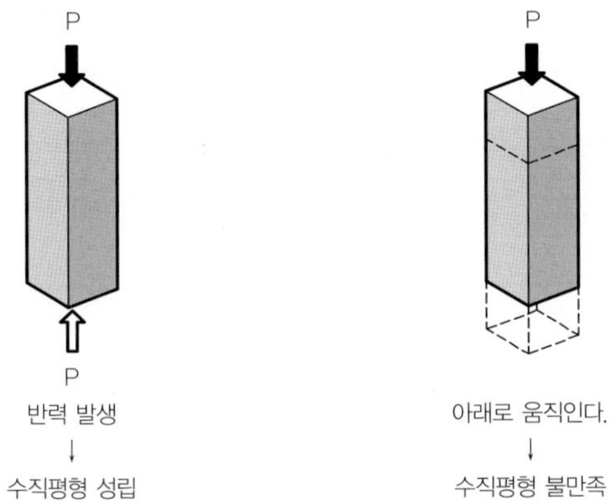

수직균형

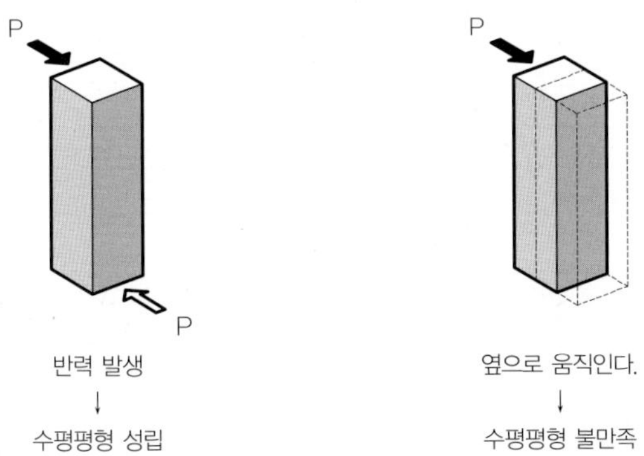

수평균형

건축구조에서는 힘의 균형이 요구된다.

력의 작용으로 균형을 이루고 있기 때문이다. 건물은 이렇듯 수직방향에서 균형이 요구된다. 따라서 실제 구조체를 설계할 때에는 기초 등을 두어 이를 위한 만반의 배려를 한다. 또, 바람과 같은 힘이 수평으로 작용하는 것에 대하여도 떠밀려가거나 넘어지지 않도록 그 힘에 대응하는 반대 힘이 균형을 이루는 것이 요구된다. 이것은 수평방향의 균형이라 설명한다.

더욱이 구조체는 자주 회전시키려고 하는 외부의 힘을 받을 때도 있다. 이때에도 건축구조물이 회전운동을 하여서는 안 될 것이므로 회전에 균형을 이루는 구조가 고안된다. 이것은 회전에 관한 균형이라고 부른다. 이들 각종 힘에 대한 균형조건을 완성하는 것이 구조체 구성의 가장 근원적인 출발점이다.

강 도 Strength

힘을 받아주는 균형조건이 완성되어 작용하는 힘을 부재 내부에서 견디게 되었다고 생각해보자. 이제 그 힘을 견딜 수 있을지 없을지는 그 부재의 강한 정도에 달려있을 것이다. 부재가 힘이 세면 많은 힘을 잘 버틸 것이고 약하면 부서질 것이다. 이때 이 부재의 힘의 세기 정도, 즉 얼마의 힘까지 버티고 파괴될 것인가 하는 강함의 정도가 곧 '강도(strength)' 이다. 구조에서 적절한 강도가 요구된다는 것은 누구든 쉽게 짐작할 수 있는 요구조건일 것이다.

구조체가 주어지는 힘을 받아 무너지지 않기 위해서는 적절한 세기의 부재가 필요하다. 어떻게 하면 힘이 센 부재를 만들 수 있을까. 우리는 재료에 원래 단단하고 힘이 센 재료가 있는가 하면 약하고 부드러운 재료가 있다는 것을 알고 있다. 그리고 힘이 가해지는 방법에 따라 발휘하는 힘의 세기가 다르다는 것도 알고 있다. 예를 들어 종이는 당기면 잘 끊어지지 않지만 힘을 엇갈리게 해 찢으면 금방 잘린다. 그러니 재료에 있는 어떤 성질의

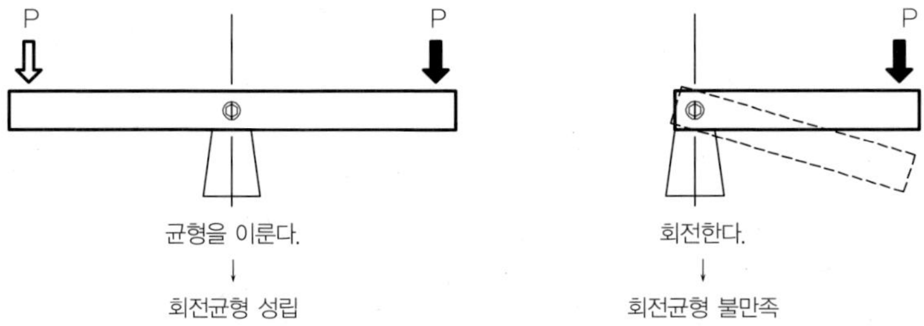

회전균형

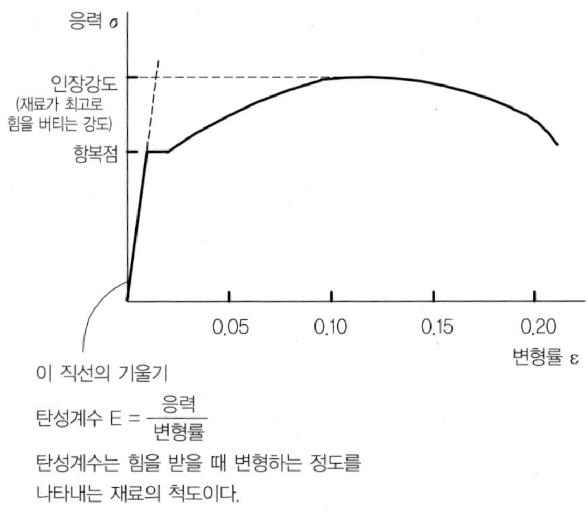

철의 응력 - 변형도 곡선

건축구조는 파괴되지 않도록 충분한 강도를 가져야 한다.

힘의 세기를 알아봐서 필요에 따라 적당한 강도를 가지고 있는 재료를 선택하면 된다. 즉, 재료의 강도는 재료가 가지고 있는 선천적 특성이어서, 우리는 실험실에서 각종 재료들을 다양하게 실험해서 견딜 수 있는 한계를 측정한다. 그렇게 해서 알게 된 재료의 강도를 기억하고 있다가 적당한 사용처에 사용하는 것이다.

그렇다면 재료의 힘의 세기를 정확히 알아야 할 필요가 있을 때 그 세기의 정도를 어떻게 표현하면 좋을까. 파괴될 때의 힘의 크기를 구체적으로 표기하여 재료의 강도를 표현한다. 그런데 같은 재료라고 하더라도 큰 덩어리는 높은 힘을 견딜 것이고 작은 덩어리는 작은 힘에 파괴될 것이다. 실험과 강도값을 표기하는데 무언가 크기에 대한 기준이 필요함을 느낄 수 있다. 그래서 강도값을 나타낼 때에는 저항해낼 수 있는 힘의 크기(N, 혹은 kgf)만을 나타내지 않고 기준이 되는 크기를 함께 나타낸다. 그래서 재료의 강도는 단위면적당 힘의 크기(MPa, N/㎟, kgf/㎠)로 나타낸다.

강 성 Rigidity

앞에서 언급했듯이 구조체가 힘을 받았을 때 그것을 견딜 수 있는 '강도'를 가지고 있지 못하면 붕괴되면서 구조로서의 역할을 하지 못하게 된다. 그런데 우리가 사용하는 건축구조에서는 붕괴되는 것이 아니더라도 그 역할을 제대로 한다고 볼 수 없는 상황이 가끔 있다. 예를 들면 우리가 걸어다니는 바닥판이 그물막이어서 걸을 때마다 출렁거린다면 어떨까. 그 그물막은 견고해서 우리가 아무리 돌아다녀도 결코 끊어지는 일은 없다고 해도, 다시말해 그물의 힘의 세기, 강도가 부족해 파단되는 일은 없다고 해도, 그물에 발을 올려놓을 때마다 심하게 움직이는 것은 건축물로서 문제가 있다. 이것이 구조체의 변형에 관계된 사용상의 문제이다.

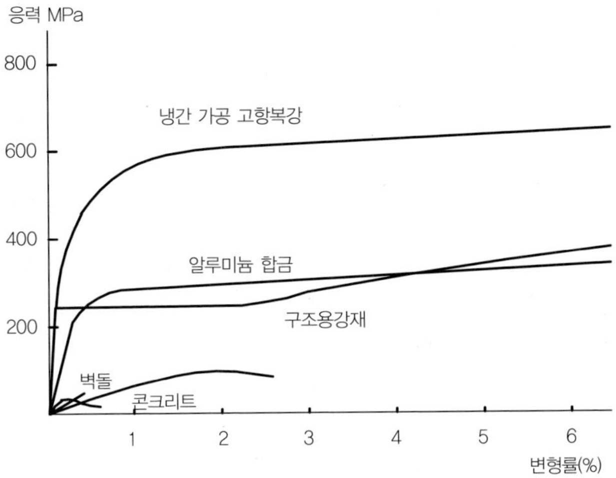

강도가 다른 여러 구조재료

원래 변형이란 말은 형태가 변화하는 것을 통칭하는 말이지만 구조에서 변형(deformation)이라는 용어는 힘을 받았을 때 그 '힘으로 인해' 변화하는 형태를 의미한다. 힘을 받았을 때 쉽게 그 형태를 바꾸는 것은 건축구조에서 곤란하다. 앞의 예처럼 우리가 사용하기가 쉽지 않기 때문이다. 이처럼 변형에 저항하는 물체의 성질을 강성(rigidity)이라고 하며 건축구조에는 적절한 강성이 필요하다. 건축구조 중에는 경우에 따라서 유연하게 하중을 흡수해야 하는 경우도 있지만 그것도 적정범위로 제한된다.

강성의 확보도 재료가 강하다고 하면 다 해결될 것 같기도 하다. 그러나 반드시 강도가 강한 재료가 강성이 강한 것은 아니기 때문에 강도와 강성은 구별될 필요가 있다. 예를 들어 철와이어를 꼬아 만든 케이블 선을 생각해 보자. 원재료가 강철이기 때문에 당겨졌을 때 쉽사리 끊어지지 않는 충분한 강도를 가지고 있음을 짐작할 수 있다. 그러나 운반할 때는 원형으로 말 수도 있고 사람의 손으로도 간단하게 형태를 바꿀 수 있을 정도로 쉽게 변형된다. 케이블의 강성은 매우 적다. 그래서 이런 부재는 특별히 연성부재라고 부르고 이를 이용하는 구조체에서는 강성을 확보하기 위하여 별도의 고안을 한다.

반면에 나무로 만든 각목은 어떠한가. 우리가 가끔 격파시범을 보이기도 할 정도로 만만한 강도를 가지고 있지만 케이블보다 유연하지 않다. 힘을 줬을 때 모양을 바꾸기 쉬운 것은 케이블 쪽이다. 각목은 케이블보다 강성이 높은 편에 속한다.

건축구조에서 강성을 확보하기 위해서는 원래 충분한 강성을 가진 재료를 사용하거나 재료의 체적을 충분히 가지도록 하는 것이 중요하다. 구조계획 시에 면밀히 검토되는 사항 중 하나이다.

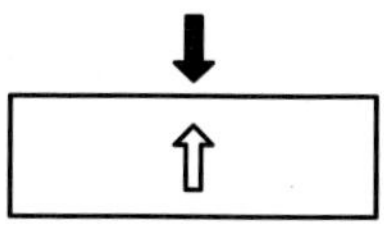

딱딱하다.
↓
쉽게 변형되지 않는다.
↓
강성재료

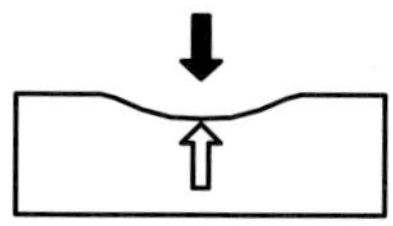

부드럽다.
↓
쉽게 변형된다.
↓
연성재료

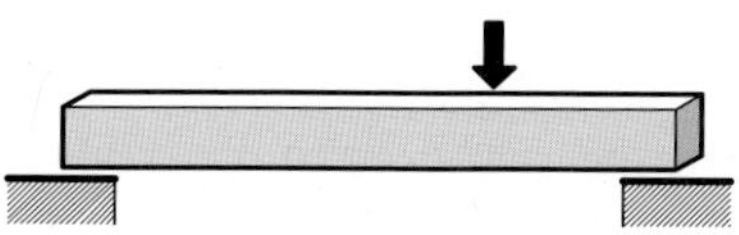

쉽게 휘어지지 않는다.
↓
쉽게 변형되지 않는다.
↓
강성부재

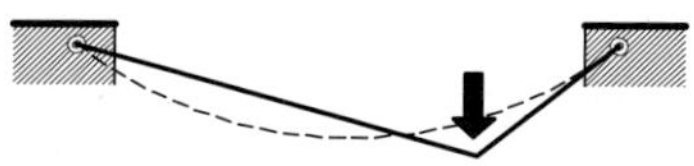

형태가 변한다.
↓
크게 변형된다.
↓
연성부재

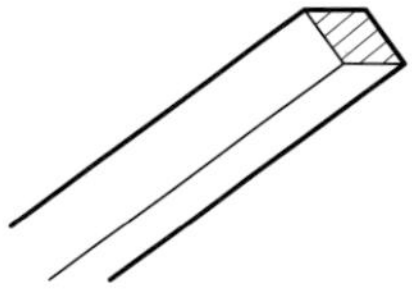

약하지만 쉽게 변형되지 않는 각목

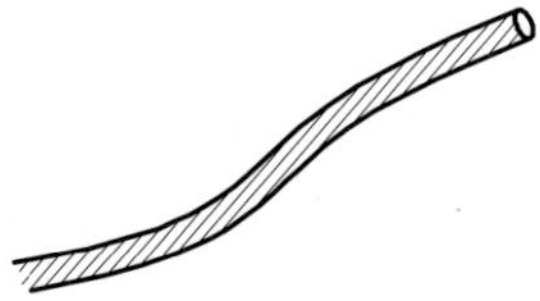

유연하지만 강한 강철 와이어

건축구조는 너무 유연하지 않도록 적절한 강성을 가져야 한다.

안 정 Stability

가해진 힘에 비해 강도가 부족해서 붕괴되는 것도 아니고 힘을 받아 변형되는 것도 아닌데, 힘에 제대로 저항도 못해본 채로 불안정한 상태가 되어 붕괴에 이르는 경우가 있다. 그림과 같은 사각형의 골조에서 위에서 내려오는 힘에 저항하는 방법을 생각해 보자. 작용하는 힘과 동일한 반력이 기둥 밑면에서 발생하면 이 골조는 움직이지 않고 평형을 이루게 된다. 그 상태에서 기둥은 양쪽에서 누르는 압력을 받게 되는데, 기둥을 만든 재료가 견딜 수 있는 만큼, 즉 기둥의 강도만큼 견디게 될 것이다. 그때 재료에 따라 다르겠지만 눈에 보이든 보이지 않든 이 힘으로 인해 기둥에는 찌그러지는 듯한 변형이 생길 것이다. 이것은 '안정상태' 에서의 힘의 저항방식이다.

만일 접합부가 잘 회전하는 핀으로 연결되어 있다면 어떻게 될까. 수직하중을 받으면서도 생각지도 않게 옆으로 움직일 수 있고, 이 경우 예상했던 힘의 저항 시나리오는 다 깨지고 말 것이다. 기둥은 자신의 강도를 발휘하기도 전에 멀쩡한 부재상태로 쓰러지고 직사각형의 골조형상을 잃어버릴 것이다. 이것이 '안정파괴' 라고 불리는 파괴모드이다.

특별히 옆에서 수평하중이 작용하면 이 문제는 더욱 심각해질 것이다. 땅이 일부분에서 지지력을 잃어 건물이 기우는 경우도 이러한 문제를 촉발시킨다. 안정성은 구조가 자기 강도를 발휘하기 위해 필수적으로 확보되어야 하는 준비된 상태이다. 안정성을 잃으면 구조체는 힘과 싸울 수 있는 골조의 형태를 잃어버리고 옆으로 쓰러지게 된다. 따라서 구조체에는 힘에 대한 강도나 강성과 별도로 수평하중에 관한 안정성 확보가 요구된다.

안정을 확보하기 위해서는 무조건 재료의 강도나 크기를 키우기보다는 수평하중에 저항할 수 있는 부재를 특별히 추가하거나 부재의 접합부를 견고히 하는 것이 요구된다. 안정은 구조체가 자신의 강도를 제대로 발휘하기 위하여 사전에 확보되어야 하는 구성상의 문제라고 할 수 있다.

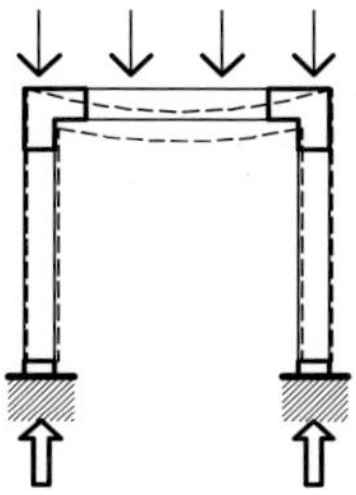

안정된 골조의 하중저항

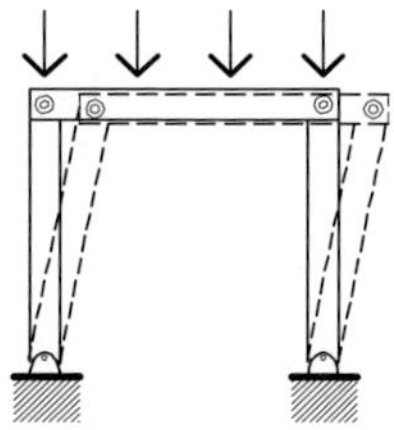

불안정한 골조의 하중저항

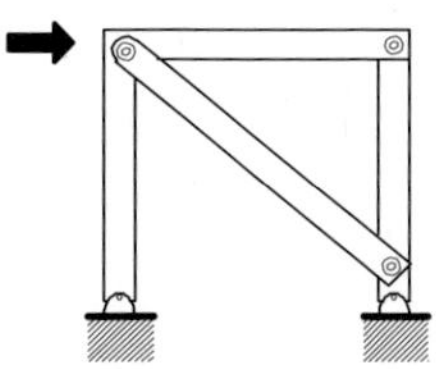

옆으로 쓰러지지 않는다.
↓
안정구조

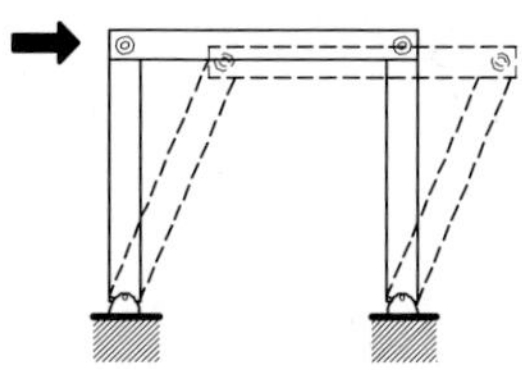

접합부가 회전하며 옆으로 쓰러진다.
↓
불안정구조

건축구조는 안정성을 확보해야 한다.

어떤 구조가 좋겠는가_ 경제성 또는 합리성
What Structure is Appropriate

구조가 갖춰야 할 기본적인 덕목은 무너지지 않고 힘을 내는 것이다. 그런데 구조를 결정할 때 이 기본적인 요구조건을 만족시키는 것은 너무나 당연하고, 더 나아가 고려해야 하는 수많은 선택조건들이 있어서 구조결정을 어렵게 한다.

예를 들어 건물을 무너지지 않는 구조로 만드는 것은 콘크리트로도 가능하고 철골로도 가능하다. 그 중에 어떤 재료로 선택하면 좋겠는가. 구조방식에는 아치, 현수구조 등 수많은 구조시스템이 있는데 이 중 어떤 방식을 사용해야 좋을 것인가. 구조체의 모양은 어떻게 하면 좋을 것인가 등등 수많은 선택의 기로가 있다.

어떤 조건들은 취향에 관계된 것이기도 하다. 그리고 건축디자인에서 요구하는 형태나 기능에 관계하여 선택되어지기도 한다. 그러나 힘을 지지하는 구조체 입장에서 이야기하라고 하면, 구조결정 시 이 모든 조건들을 선택할 때에 필수불가결하게 고려해야 하는 것은 역시 재료와 힘의 합리성이다.

구조체가 힘에 저항하는 방법은 강한 재료를 많이 동원하는 것인데, 이것은 기본적으로 지구상에 있는 물질을 활용하는 것이어서 모든 가치의 자원과 에너지를 소비하는 일이 된다. 뿐만 아니라 재료가 많이 동원된 구조체는 자기 무게가 증가한다. 더구나 건물의 공간이 커서 스팬이 증가되면 증가될수록 보가 자기 무게에 비해서 저항해낼 수 있는 하중의 비율은 감소하므로 넓은 공간에서는 무한정 재료를 많이 사용한다고 해서 구조가 해결될 수도 없다. 그러므로 가능한 힘을 효과적으로 분배하여 많은 재료를 들이지 않고 하중을 저항해내는 것이 구조에게는 가장 중요한 일이 될 것이다.

20

독일 뮌헨_ 올림픽경기장(1972) 뮌헨올림픽을 위해 건립된 스타디움. 올림픽에 걸맞는 획기적인 스타디움을 만들기 위해 당시 첨단구조인 케이블네트구조를 선택했다. 그리고 지붕을 아크릴판으로 마감하여 자유로운 형태와 투명한 공간을 갖는 스타디움을 완성하였다. 그러나 건립비용이 상당히 커졌고 세밀한 유지관리가 요구되고 있다.

21

프랑스 파리_ 퐁피두 센터(1977) 당시 현대미술을 위해 독창적인 설계안이 요구되었던 작품. 설계개념을 주도한 것은 게르버구조시스템과 새로운 디테일이었다. 그러나 힘의 효율이 크게 고려된 구성이라 보기는 어렵다.

그렇기 때문에 우리는 구조형식을 선택하는 설계 초기단계에서부터 힘의 원리에 대하여 알고 용도와 형태에 맞는 구조시스템을 선택하려고 한다. 그리고 나서는 그 힘을 저항하는 부재를 만들기 위하여 가능한 경량의 재료를 적게 이용하여 강한 능력을 가질 수 있도록 하려고 노력한다. 애당초 가벼우면서도 강한 재료를 찾아내거나 힘이 필요한 곳에 재료를 집중시키고 일부는 삭제하고 줄이는 방법들을 고민한다. 그러기 위해서는 재료의 특성과 구조시스템 내부의 힘에 대하여 관심을 가질 필요가 있을 것이다.

그러나 이와 같이 가능한 적은 재료로 많은 힘을 내려고 노력하는 과정이 반드시 경제성으로 연결되지는 않는다. 단순 재료의 감소가 얼핏 생각하기에는 경제적 가치로 연결될 듯하지만, 경우에 따라서는 재료감소를 위해 복잡한 형태와 단순하지 않은 구조시스템을 결정한 경우에는 오히려 시공성이 떨어져 더 많은 공사비를 불러오는 경우도 적지 않다. 또한 구조체는 오랜 시간 동안 힘에 저항해야 하는 것이므로 단순히 건립할 때의 시공성과 비용뿐만 아니라 유지관리의 용이함과 비용도 고려되어야 한다.

또한 힘과 비용에 관한 합리성 못지않게 구조가 미적인 측면과 기능적인 측면에서도 기여할 수 있는 방안도 검토된다. 가끔 구조에게 힘을 지지하는 본연의 업무 외에 다른 역할을 부여하는 사례도 다수 있다. 뼈대만으로 건축의 형태미를 완성할 수도 있고, 환경적인 측면을 고려한 기능이나 공간활용의 극대화를 위하여 구조의 배열과 재료의 선정을 조정하기도 한다.

어떤 구조가 합리적인 선택이 될 것인가. 실제로 우리 눈에 보이는 수많은 건축물들은 각기 어떠한 측면에서든지 나름의 합목적적인 이유를 가지고 선택되어진 구조체를 가지고 있다. 그런데 그 선택의 옳고 그름보다 더욱 걱정인 것은 마땅히 건축에 있어야 할 구조의 합리성을 아예 생각하지도 않고 계획되는 건축이다. 구조가 제한요소가 되던 고대와 달리 구조기술이

22

호주 시드니_ 오페라하우스(1957~1973) 건축가가 요구하는 이미지를 완성시키기 위해 구조방식 결정에 남다른 노력이 필요했던 작품. 규모가 크고 형태가 복잡하면 구조체는 힘을 견디는 것뿐만 아니라 조합되어 만들어지는 시공성 또한 중요한 문제가 된다.

23

일본 도쿄_ 도쿄포럼 그라스홀(1988) 극적인 내부 공간감을 위해 의도적으로 기둥을 2개만 설치하여 120m의 장스팬으로 설계되었다. 그리고 과장된 지붕구조부재를 배치하여 내부의 공간감을 극대화하고 있다. 또한 그라스홀이라는 개념에 걸맞게 내부 공간의 개방감을 높이기 위하여 유리벽 파사드는 가장 구조체적이 적게 되는 현수구조로 해결하였다. 그러나 시공비와 유지비가 상승하여 과장된 구조방식이라는 비판도 받고 있다.

높아지면서 최근에는 설계 때에 아예 구조의 고민으로부터 해방된 듯 느껴지기도 한다. 그러나 구조로부터 자유로울 수 있는 건축은 없고 고민되지 않는 사안이 긍정적인 결과를 가져올 수 없다는 것은 당연하지 않을까. 구조는 주연이 될 수도 있고 조연이 될 수도 있다. 무엇이 되었든 건축 안에서 올바른 역할을 할 수 있도록 하는 것이 중요할 것이다.

이러한 배경에서 이 책의 일차적인 목적은 먼저 구조체가 힘을 견딘다는 기본 역할을 충실히 파악하려 하는 것이다. 그래서 구조가 건축의 다양한 기능과 연결될 때, 힘을 합리적으로 해결하는 방향을 함께 고려할 수 있기를 기대하는 것이다. 건축과 구조, 그 시작의 이야기이다.

좀 더 읽어보기

- A. J. Macdonald 저, 유우상 · 이수권 · 최상민 역, "건축의 구조와 디자인", 시공문화사, 2003.
- 사이토 마사오 저, 박찬수 · 박선우 · 이주나 역, "건축 공간 구조이야기", 기문당, 2005.
- M. Salvadori, "The Art of Construction", Chicago Review Press, 2000.
- M. Salvadori, R. Heller 저, 윤일주 김용부 역, "건축의 구조", 기문당, 1993.
- B. Hilson, "Basic Structural Behaviour", Thomas Telford, 1993.
- F. Moore, "Understanding Structures", McGraw-Hill, 1999.
- 박찬수 · 이주나, "구조를 이용하는 건축디자인의 구성수법과 전개현황", 대한건축학회논문집 계획계, 제 25권 제 1호, 2009. 1., pp.145-154.
- 安藤直見외 2인 저, "建築のしくみ", 丸善株式會社, 2008.
- W. Schueller, "The Design of Building Structures", Prentice-Hall, 1995.
- A. Holgate, "The Art in Structural Design", Clarendon Press, 1986.
- A. W. Charleson, "Structure as Architecture", Architectural Press, 2005.

Chapter

하중과 응력 2

Load & Stress

2 | 하중과 응력
Load & Stress

하중, 반력 그리고 응력
Load, Reaction and Stress

건축구조 안에 들어있는 가장 중요하고 무시할 수 없는 성질이 '힘' 이라고 했으니, 구조체에서 힘을 취급하는 방법에 대해 깊이 생각해 봐야 하겠다. 먼저 구조체가 힘을 견디고 있다고 하는 것을 느껴보자.

우리가 머리위로 무거운 짐을 들고 있는 경우를 상상해보면 힘을 견딘다는 것이 어떤 것인지 느낄 수 있을 것이다. 머리위 짐의 무게는 우리 몸을 통해 지면으로 전달된다. 또한 우리의 몸은 아무것도 들고 있지 않을 때보다 짐의 무게만큼 힘을 발휘하게 된다. 만약, 머리위의 짐을 하나 더 올려놓는다고 가정해보자. 우리 몸은 추가된 짐의 무게만큼 더 큰 힘을 발휘해야 하기 때문에 더 힘들어진다. 그렇다고 무한정 짐을 감당할 수 있는 것도 아니다. 우리 몸이 감당할 수 있는 무게는 사람마다 달라서 자신의 한계를 넘어서는 무게의 짐을 올려놓게 되면 우리는 저항하는 능력을 잃고, 짐의 무게를 바닥으로 전달하는 기능을 수행해내지 못할 것이다.

힘을 견디고 있는 구조체의 사정도 이와 동일하지 않을까. 즉, 구조체에 힘이 가해지면 그 구조체는 저항력을 발휘하며 지면으로 그 힘을 옮겨놓는 일을 하는데, 구조체가 가진 저항력 이상의 힘이 가해졌을 때 붕괴되는 것으로 이해하자는 것이다. 이때 구조체에 작용하는 힘을 '하중(load)' 이라고 하며 지면에서 그 하중에 평형을 이루는 반대의 힘을 '반력(reaction)' 이라

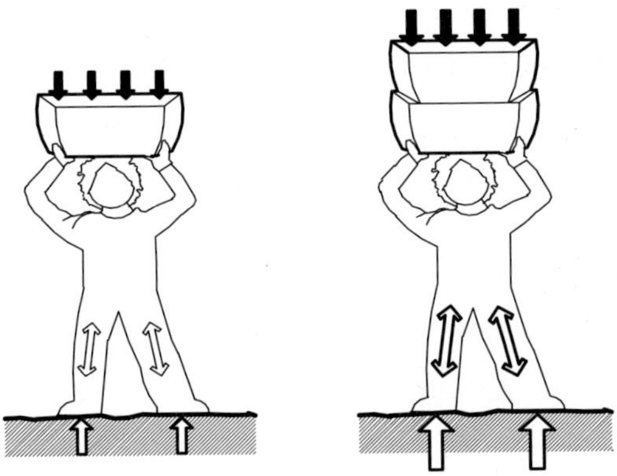

하중이 2배가 되면 우리 몸은 2배 더 힘들어진다.

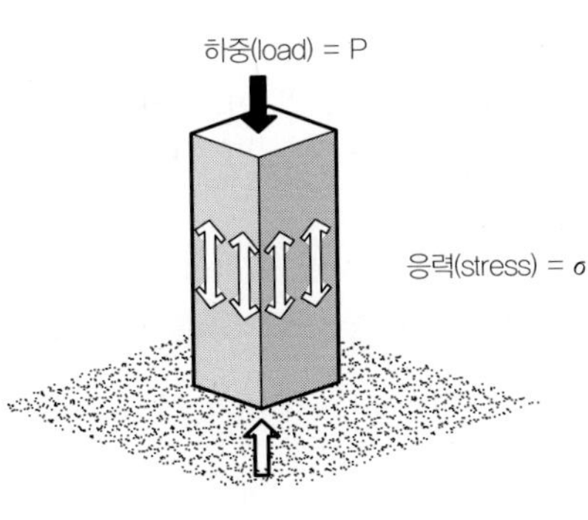

하중과 반력 메커니즘

고 부른다. 그리고 이 하중을 받아 지면까지 힘을 전달하는 부재(구조체의 내부)에서는 그 힘에 대한 저항력, 즉 '응력(應力, stress)'이라는 것이 발생하는 것으로 가정된다.

조금 전 짐을 든 사람의 입장에서 생각해 본 것처럼, 이 내부의 저항력인 응력은 동일한 사람이나 구조체라고 하더라도 하중의 크기에 따라 달라질 것이다. 하중이 적으면 적게 대응할 것이고(응력은 응답하는 힘이다!), 하중이 커지면 응력 또한 크게 발휘될 것이다. 그러나 역시 무한정 응력을 발휘할 수는 없는 일이다. 구조체의 재료가 가지고 있는 능력을 넘어 응력을 발휘할 수는 없는 일인데, 이 응력을 발휘할 수 있는 최대한계가 바로 재료가 가지고 있는 '강도(strength)'이다. 따라서 하중이 커지면 높은 강도의 재료가 필요하게 되는 것이고, 강도를 높이기 위해 우리는 강한 재료를 찾고 큰 부재를 가져다 놓는 것이다.

보다 정밀하게 부재의 저항능력을 판단하기 위해 우리는 수치를 이용해 응력을 구해내고 재료의 강도값 역시 수치로 표현하여 비교한다. 설명한 바와 같이 응력은 외부에서 주어진 하중에 대해 부재가 내는 힘이므로 그 값이 외부에서 작용하는 힘에 따라 달라질 수밖에 없다. 그리고 당연히 부재의 크기와도 관계가 있을 것이다. 왜냐하면 부재가 체적이 커지면 많은 힘을 낼 수 있을 것이고 작은 부재라면 낼 수 있는 힘이 적을 것이기 때문이다. 그래서 오른쪽 수식과 같이 부재 단면적(A)에 대한 외부 힘(P)의 비로 나타내어 부재내부에서 발휘되는 응력(σ)값을 구해낸다.

예를 들어보자. 어느 부재에 10kgf이라는 힘이 작용한다고 생각해보자. 처음 부재면적이 10㎠라면 1㎠당 1kgf의 힘을 감당하면 될 것이다. 그러나 부재가 100㎠로 커진다면 1㎠당 0.1kgf의 힘만 내면 된다. 단면적이 10배 증가하는 바람에 응력값이 1/10로 줄어들었다. 이렇게 응력이 줄어든다는 것은 재료가 늘어난 덕분에 부재 내부에서 훨씬 힘을 적게 내어도 된다는

$$\sigma = \frac{P}{A}$$

σ (응력, stress)	≤	f (강도, strength)
kN/㎡		kN/㎡
kgf/㎠		kgf/㎠
tf/㎡		tf/㎡
:		:

부재는 강도 이상으로 응력을 낼 수 없다.

똑같은 하중이 면적이 다른 두 부재에 작용한다.

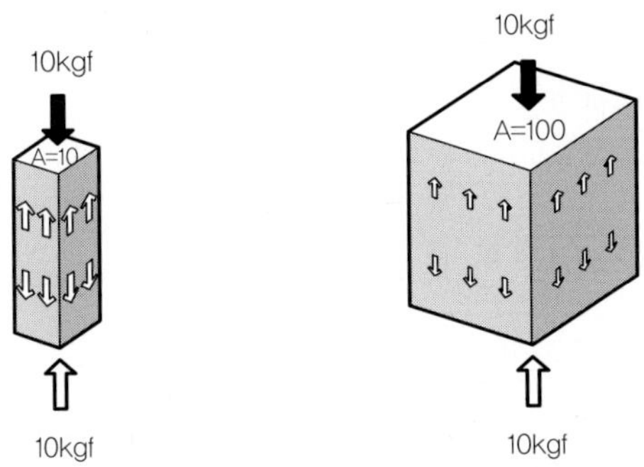

σ = P/A = 10kgf/10㎠ = 1kgf/㎠

작은 부재는 응력을
크게 내야한다.

σ = 10kgf/100㎠ = 0.1kgf/㎠

넓은 부재는 응력을
적게 내도 된다.

응력과 강도는 단위 면적당 힘의 값으로 표현한다.

의미이며, 그렇다면 크기를 키운 대신 더 약한 재료를 써도 무방하게 된다는 이야기가 된다.

힘을 저항하는 구조를 만들기 위해서, 이러한 계산과 검토에 따라 적절한 강도의 재료를 선정하고 부재단면 크기를 결정한다. 이것이 하중에 저항하는 구조체를 결정하는 '구조계산 및 설계' 방법이다. 이제 구조체의 응력을 이해하는 배경에 그다지 심오한 수학지식이 필요없다는 것을 쉽게 이해할 수 있을 것이다.

건축물에 작용하는 하중
Loads Superimposed on a Building

그렇다면 건축구조체는 어떠한 힘을 견뎌야 하는 걸까. 건축구조체가 견디게 되는 여러 하중들에 대하여 알아보자. 가장 먼저 구조체 자기 자신의 무게, 자중부터 저항해내야 할 것이다.

고정하중, 자중, 사하중 Dead Load

구조체를 세움과 동시에 발생하는 자기 자신의 무게이다. 구조체를 파괴하기 전까지는 없어지지 않고, 사용에 따라 변화하는 하중이 아니기 때문에 고정하중 또는 사하중이라 불린다. 고정하중에는 힘을 지지하는 건물의 뼈대에 비내력 구조체를 포함한 모든 부재의 무게와 그 위에 덧붙여지는 마감재의 무게까지 포함된다.

고정하중의 크기는 사용된 재료의 단위체적 중량을 기본으로 하여 구조체의 정해진 크기대로 결정된다. 콘크리트 부재의 예를 들어보자. 철근콘크리트의 단위체적 중량은 24kN/m^3(2.4tf/m^3)로 보고 있는데, 이것은 가로, 세로, 높이가 1m인 1m^3 체적을 가진 철근콘크리트 덩어리의 무게가

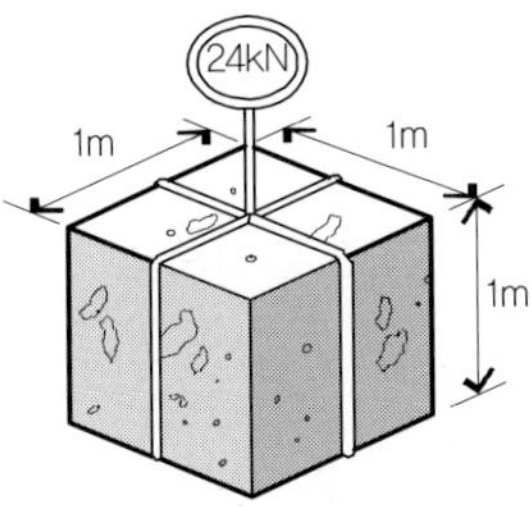

1m×1m×1m×24kN/㎥ = 24kN
1㎥ 철근콘크리트의 무게

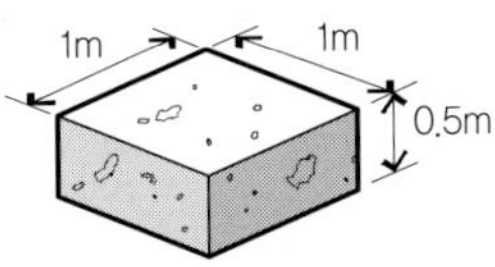

1m×1m×0.5m×24kN/㎥ = 12kN
1㎥ 덩어리를 반으로 줄여보자

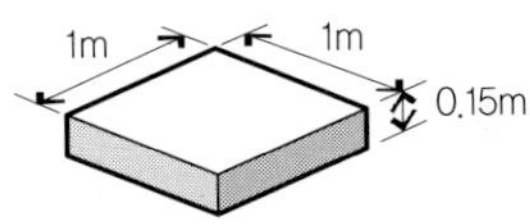

1m×1m×0.15m×24kN/㎥ = 3.6kN
두께 15cm 슬래브 1㎡의 무게를 구해보자

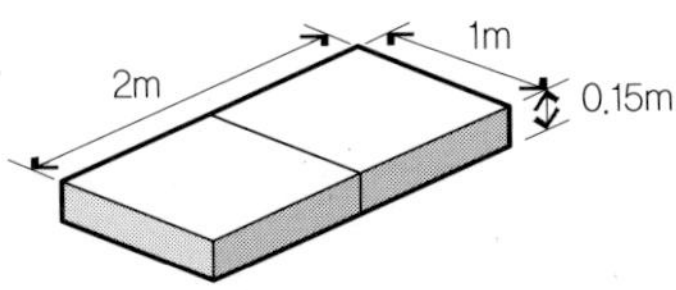

2×3.6kN = 7.2kN 또는
1m×2m×0.15m×24kN/㎥ = 7.2kN
1㎡짜리 슬래브가 두 쪽이라면 그 무게는?

구조체는 먼저 자기 무게를 견뎌야 한다.

24kN(2.4tf)이 된다는 의미이다. 그 덩어리의 두께를 반으로 줄여 0.5m로 하면 무게가 반으로 줄어드는 것처럼 부재의 체적에 재료의 단위체적 중량을 적용하여 해당 구조체의 정확한 무게를 구해낸다. 그러므로 만일 고정하중을 감소시키길 원한다면 단위중량이 작은 재료를 사용하든가 아니면 부재의 크기를 가능한 작게 만들 방법을 고안해야 할 것이다.

고정하중을 고려할 때 콘크리트와 같이 동일한 재료의 큰 덩어리 부재의 하중을 산정하는 것은 오히려 간단한 일이다. 작은 부재들이 여러 겹 덧붙여지는 마감재들의 경우는 부재체적에 단위중량을 곱하는 방법을 사용하기에는 너무나 번거롭고 기준이 명확치 않다. 하중기준에서는 빈번히 사용되는 마감재에 대해 단위면적당 하중값을 명시하여 설계에 참조하도록 하고 있다.(오른쪽 표 참조)

우리가 직접 사용하고 건축물 중 상당한 비중을 차지하고 있는 바닥이나 지붕 등 넓은 부재의 무게를 결정할 때는 표에서 알 수 있듯이, 대부분 바닥면적당 무게를 기준으로 산정한다는 것을 기억할 필요가 있다. 건축물의 바닥은 넓고 면적도 매번 상이하고 바닥에 가해지는 하중을 하부에 있는 여러 기둥과 보가 나누어 가져가기 때문에 전체건물의 무게를 통째로 알아야 할 경우는 거의 없다. 단위면적당(보통 1m²를 기준으로 함) 무게를 파악하고 있으면 바닥면적이 늘어감에 따라 쉽게 하중값을 구할 수 있고 각 부분으로 흘러가는 하중값 역시 판단하기 쉬울 것이다.

이렇게 건축재료의 무게를 결정하는 것부터 정해진 기준으로 상세히 관리되고 있다는 것도 주목하여야 한다. 하중은 구조의 안전을 결정하는 가장 기초적인 요인이다. 임의적으로 소홀히 다뤄질 수 없으며, 여러 공신력 있는 연구를 통해 건축법규에서 규정되고 있고, 구조계산과 설계에서는 이것을 지켜야 할 최소한의 기준으로 고려하고 있다.

건축물 마감재료 중량(일부 예)

(단위 : kN/m²)

재료명		중량
벽재료	도기타일(두께 1cm 당)	0.18
	얇은 마감도장재	0.02
	복층 마감도장재	0.03
	종이벽지 마감	0.0045
천장재료	합판 반자틀 천장	0.13
	석고보드 반자틀 천장	0.17
	금속판 천장	0.12
바닥재료	마룻널 붙이기	0.29
	타일(두께 1.2cm) 깔기 두께 2.5cm 모르타르 포함	0.70
	화강석(두께 12cm) 깔기 두께 5cm 모르타르 포함	4.24
	두께 0.5cm 인조석 깔기 두께 2.5cm 모르타르 포함	0.6

활하중, 적재하중, 사용하중 Live Load

건물이 완성된 후에 우리는 그것을 사용하게 된다. 당연히 구조체는 그로 인한 여러 가지 부담도 견뎌내야 한다. 이를 적재하중 또는 활하중이라 부른다. 우리는 건축물을 여러 용도로 사용하게 되는데 경우에 따라 모이는 사람들과 사용하는 가구, 쌓아놓는 짐들이 각기 달라진다. 그러므로 적재하중은 용도에 따라 변화하는 하중값을 고려할 수밖에 없으며, 이 역시 하중기준에 따라 가정하고 있다(표 참조).

실제 작용하는 하중은 우리의 몸무게나 가구, 혹은 차량의 무게가 어느 일부에 작용하는 것으로 생각되지만, 그 무게들은 이동이 가능한 것으로 어느 위치에 고정되는 것이 아니고 어디에나 분포될 수 있는 것이다. 또한 늘 지속적으로 사용되지 않고 점유될 수도 있지만 비워져 있을 수도 있을 것이다. 그리고 이동에 따른 충격이나 움직임에 따라 하중의 부담 정도가 증가할 수도 있다. 구조설계에 활용되는 활하중 값은 이러한 모든 요인을 반영하여, 단위면적을 기준으로 용도에 따라 일정한 하중이 작용하는 것으로 가정된다. 물론 특수하게 큰 하중이 집중되는 경우에는 별도로 산정되는 활하중을 가정해야 할 것이다.

기준을 참조하면 용도에 따라서 하중값의 차이가 상당히 나타나는 것을 알 수 있다. 보통은 이러한 기준을 반영하여 용도에 따라 구조설계를 하게 되는데, 이는 이미 완성된 건축물 입장에서 보면 처음 설계 시 정해진 용도에 따라서 감당할 수 있는 사용하중의 범위가 정해져 있다는 의미가 된다. 그러므로 기존 건축물의 용도를 변경할 때에는 기존에 정해졌던 하중과의 비교검토를 하고, 용도변화에 따른 하중증가가 있다면 이를 충분히 감당할 수 있는가를 살피는 접근이 우선되어야 할 것이다.

지금까지 살펴본 하중은 우리가 의도적으로 만든 건축물과 그것을 사용

기본 등분포활하중

(단위 : kN/m²)

	용도	등분포활하중
주택	주거용 건축물의 거실	2.0
	공동주택의 공용실	5.0
병원	병실	2.0
	수술실, 공용실, 실험실	3.0
	1층 외의 모든 층 복도	4.0
숙박시설	객실	2.0
	공용실	5.0
사무실	일반 사무실	2.5
	특수용도사무실/문서보관실	5.0
	1층 외의 모든 층 복도	4.0
학교	교실/일반 실험실	3.0
	중량물 실험실	5.0
	1층 외의 모든 층 복도	4.0
판매장	상점, 백화점 (1층)	5.0
	상점, 백화점 (2층 이상)	4.0
	창고형 매장	6.0
집회 및 유흥장	무대, 주방	7.0
	극장 및 집회장 (고정 좌석)	4.0
	집회장 (이동 좌석)/연회장, 무도장/식당/모든 층 복도	5.0
체육시설	체육관 바닥, 옥외경기장	5.0
	스탠드 (고정 좌석)	4.0
	스탠드 (이동 좌석)	5.0
도서관	열람실	3.0
	서고	7.5
	1층 외의 모든 층 복도	4.0
주차장 및 옥외 차도	총중량 30kN 이하의 차량(옥내)	3.0
	총중량 30kN 이하의 차량(옥외)	5.0
	총중량 30kN 초과 90kN 이하의 차량	6.0
	총중량 90kN 초과 180kN 이하의 차량/ 옥외 차도와 차도 양측의 보도	12.0
지붕	점유 · 사용하지 않는 지붕(지붕활하중)	1.0
	산책로 용도	3.0
	정원 또는 집회 용도/헬리콥터 이착륙장	5.0
	출입이 제한된 조경 구역	1.0
기계실	공조실, 전기실, 기계실 등	5.0
광장	옥외광장	12.0
발코니	출입 바닥 활하중의 1.5배(최대 5.0kN/m²)	
로비 및 복도	로비, 1층 복도	5.0
	1층 외의 모든 층 복도 (병원, 사무실, 학교, 집회 및 유흥장, 도서관은 별도 규정)	출입 바닥 활하중
계단	단독주택 또는 2세대 거주 주택	2.0
	기타의 계단	5.0

하기 때문에 발생하는 부담이었다. 즉, 우리의 의도에 따라 비교적 예측하기 쉽고 제어가능한 하중들이라고 할 수 있겠다. 그러나 외부환경에 놓이는 건축물은 우리가 의도적으로 만들어낸 부담 외에도 자연의 힘에 버텨야 하는 숙제가 남아있다. 이것은 사실 예측하기도 어렵고 제어하기도 만만치 않다.

적설하중 Snow Load

눈은 분명 건물에 부담이 된다. 쌓이는 눈은 상당한 무게가 있고 건물의 일생 동안 일시적이지만 얼마나 많은 눈이 오게 될 것인지 정확하게 짐작하기 쉽지 않다. 기록적인 폭설이 지나가고 나면 우리는 가끔 우리의 짐작이 틀렸다는 것을 알게 되기도 한다. 그러므로 가능한 신중한 방법으로 건물 생애 동안 만나게 될 최대 적설량을 예측할 필요가 있고, 우리는 이 하중값을 고려하여 구조설계를 한다. 과거 기상관측자료에 따라 지역마다 다른 적설량을 예측할 수밖에 없고, 지붕의 형태나 적설깊이에 따라 달라지는 눈의 중량에도 관심을 가져야 할 것이다. 하중기준에서 이를 세심하게 다루지만 어디까지나 과거 기록에 의존한 예측방법인 것이다.

풍하중 Wind Load

건물에 바람이 분다. 기후조건에 따라 가끔은 대단한 바람의 힘을 느끼기도 하는데, 건물은 불어오는 바람에 대하여 노출되어 있으며 반드시 풍하중에 대하여 저항하여야 한다. 풍하중은 건물에 수평방향으로 작용하는 주요 부담 중 하나이다. 건물이 높을수록 그 영향은 더 커지고 특히 건물의 무게가 적을 경우 쉽게 저항하기 어려울 것이다.

풍하중의 고려에서 우선적인 사항은 건물의 위치이다. 지도에서 나타낸 것처럼 건물이 놓이는 지역의 기후 조건에 따라 우선 받게 되는 바람의 크

기본 지상적설하중(일부 예)

(단위 : kN/m²)

지 역	지상적설하중
서울, 수원, 춘천, 서산, 청주, 대전, 추풍령, 포항, 군산, 대구, 전주, 울산, 광주, 부산, 통영, 목포, 여수, 제주, 서귀포, 진주, 이천	0.5
정읍, 울진	0.65
속 초	2.0
강 릉	3.0
울릉도, 대관령	7.0

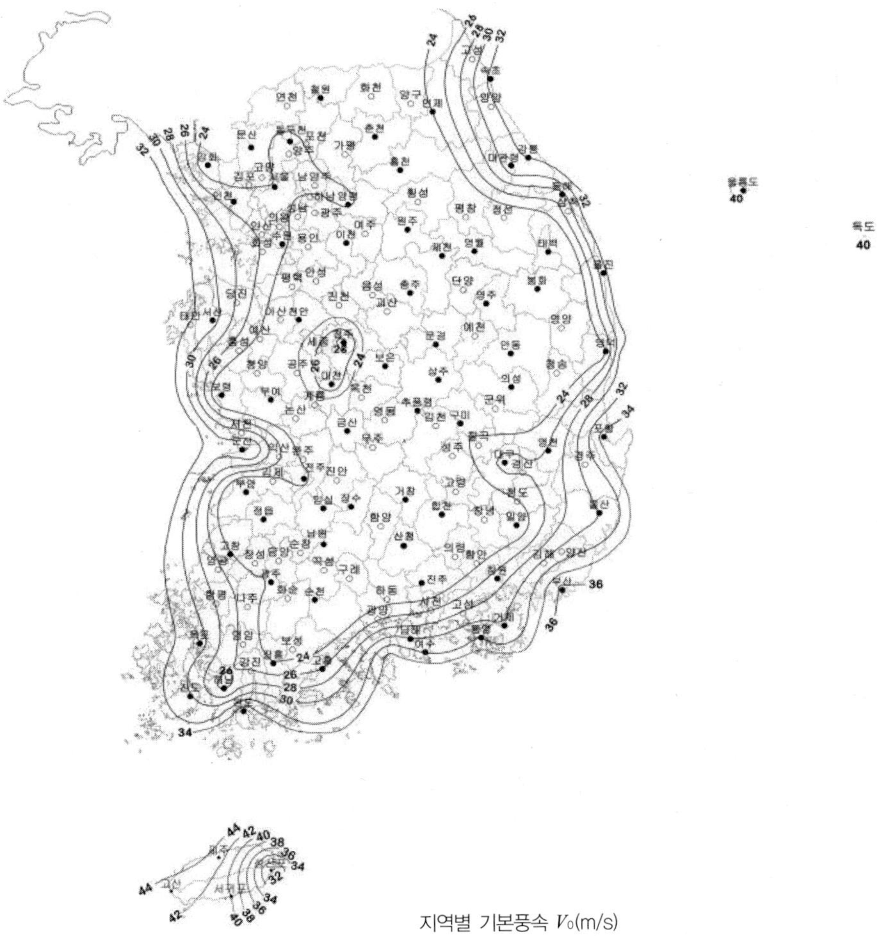

지역별 기본풍속 V_0(m/s)

기가 크게 달라진다. 이것을 바람의 기본적인 속도(기본풍속)로 구분하여 반영한다.

또한 지형이나 주변 건물의 조건에 따라 같은 풍속의 바람도 건물에 미치는 영향이 달라질 수밖에 없다. 그래서 현재 우리는 건물이 놓이는 주변의 조건을 '지표면조도' 라고 불리는 구분체계를 가지고 A,B,C,D 등급으로 나누어 풍하중의 크기를 조절하고 있다. 등급에 따라 여러 계수들이 달라지며 풍하중 산정값이 달라지는데, 자세한 수치 계산 이전에 그림처럼 건물이 놓이는 주변의 조건을 파악하는 것이 중요하며, 이에 따라 풍하중의 크기가 달라진다는 것을 떠올리는 것이 필요하다. 이를테면 D등급에 해당하는 조건에 위치한 건축물을 보면 풍하중에 대한 검토가 반드시 고려되어야 한다는 식으로 말이다.

케이블이나 막과 같이 유난히 가벼운 재료를 사용해 이례적으로 큰 대공간을 만드는 경우나, 건물이 차지하고 있는 밑바닥의 면적에 비해 높이가 너무 높다든지, 골바람이나 회오리바람처럼 국지적으로 이상기류를 보이는 위치에 놓이는 건물 등도 특별한 관심대상이 된다. 이처럼 일반적인 방법의 풍하중 예측이 어려울 것 같은 건물은 풍동실험을 수행해 작용하게 될 풍하중의 영향을 파악하고 설계하기도 한다.

이렇듯, 바람의 거동은 기후 조건과 지형, 주변 건물 등 지리적인 여건에 따라 크기가 변하고 작용방식도 달라진다. 건물의 생김새와 차지하는 높이 등에 따라 건물이 받게 되는 바람의 영향도 크게 달라진다. 건물이 바람을 맞게 되면 바람을 맞는 부분에 들이치는 하중이 발생하는 것이며, 바람이 건물을 쓸고 지나가는 뒤쪽으로는 빨려 나가려는 듯한 하중이 발생하는 것이다. 지붕면으로도 들이치거나 들어 올리는 하중이 발생한다. 건물은 이렇게 복잡한 풍하중의 작용에 저항하도록 고안되어야 하는 것이다.

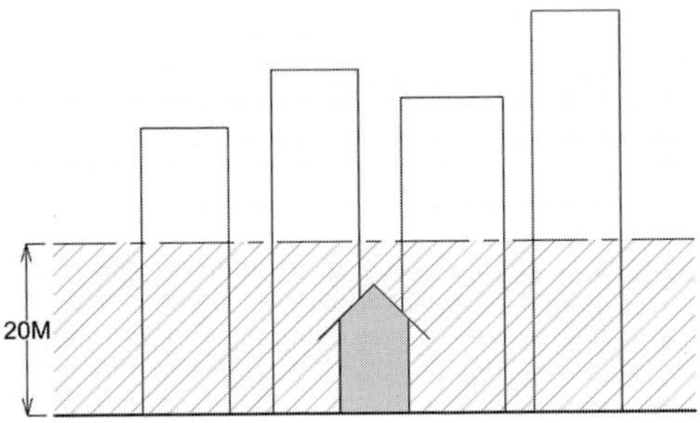

지표면조도 A

대도시 중심부에서 고층건축물 (10층 이상)이 밀집해 있는 지역 20m 이내는 바람이 고르게 분포하는 것으로 본다.

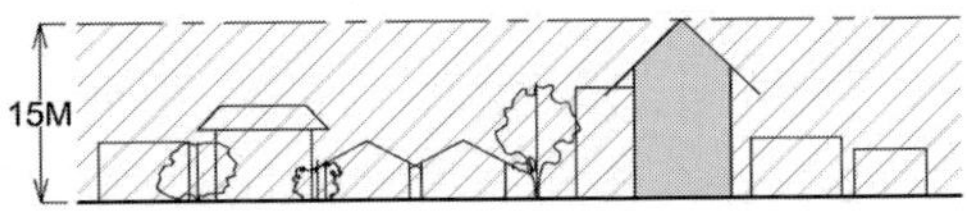

지표면조도 B

수목 · 높이 3.5m 정도의 주택과 같은 건축물이 밀집해 있는 지역
중층건물(4~9층)이 산재해 있는 지역
15m 이내는 바람이 고르게 분포하는 것으로 본다.

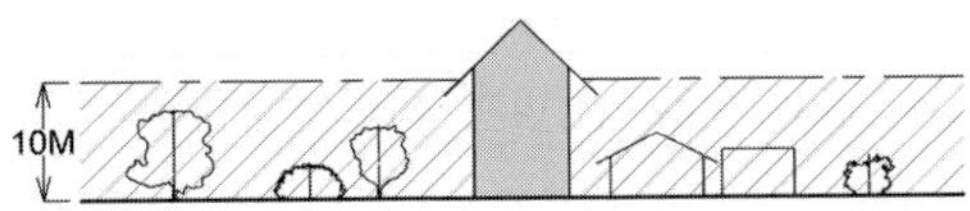

지표면조도 C

높이 1.5~10m 정도의 장애물이 산재해 있는 지역
수목 · 저층건축물이 산재해 있는 지역
10m 이내는 바람이 고르게 분포하는 것으로 본다.

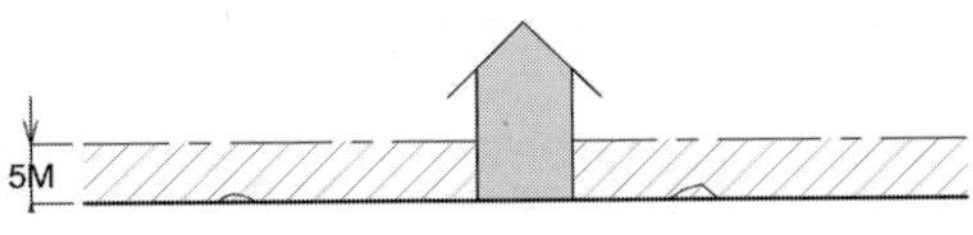

지표면조도 D

장애물이 거의 없고, 주변 장애물의 평균 높이가 1.5m 이하인 지역
5m 이내는 바람이 고르게 분포하는 것으로 본다.

높이 15m의 건축물을 건축하는 것으로 가정했을 때 지표면조도 A, B, C, D의 예상도

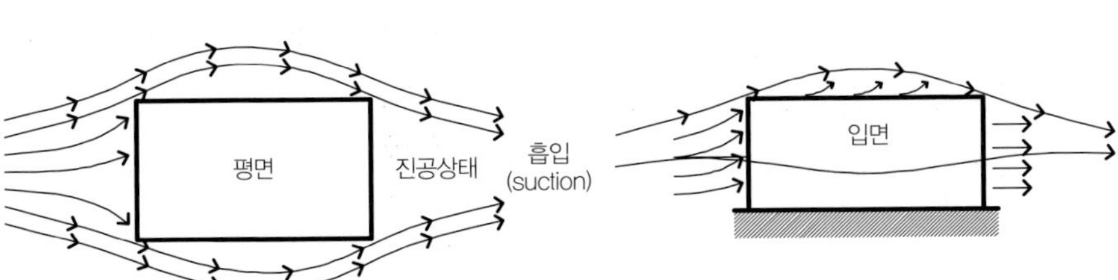

풍하중의 작용

지진하중 Seismic Load

건물이 지진으로 인해 큰 피해를 입는다는 것은 매우 잘 알려진 사실이다. 지진은 부지불식간에 찾아오고 그 파괴규모도 예측범위를 곧잘 넘어서기 때문에 어떤 경우에는 대단한 재산피해와 인명피해를 가져오는 것을 보게 된다. 그러므로 우리가 건설하는 건축물은 지진하중을 견뎌낼 수 있도록 하여야 한다.

지진은 지반이 수평방향으로 혹은 수직방향으로 건물을 흔드는 것이다. 그림에서처럼 하부에서 흔드는 진동추를 생각해보자. 추의 무게가 클수록, 무게중심이 높이 있는 진동추일수록 그 변폭이 커질 것이다. 지진에 흔들리는 건물도 그러해서 낮거나 강한 구조물은 짧은 주기를 가지고 신속히 섬세하게 진동하는 반면, 높거나 유연한 구조물은 긴 주기를 가지고 서서히 진동한다. 진동에 질량이 얹어지면 힘이 된다. 이 힘이 지반에서 떨어져 높은 곳에서 작용하면 하부에 부담이 된다. 이와 같이 지반이 움직이는 힘에 의해서 상부 건물의 무게가 흔들리며 건물에 부담으로 작용하는 것이 지진하중이다. 진동추의 모습을 유추해 단순히 생각하면 지진하중의 영향은 중량이 큰 재료가 적층되어 높은 곳에서 움직이는 건물이 불리할 것을 대략 짐작할 수 있다.

지진하중의 크기에 영향을 미치는 인자를 좀 더 자세히 생각해보자. 먼저 지진대의 영향을 받는 지역과 받지 않는 지역의 차이가 예상된다. 예를 들어, 유럽과 같이 지진이 잘 일어나지 않아 지진하중의 고려가 심각하지 않은 지역도 있지만, 일본처럼 지진하중의 영향이 지배적인 지역도 있다. 우리나라도 안전지대는 아니어서 지진 하중의 크기가 구별되는 지역이 있다. 옆에 있는 표처럼 지진하중이 커야하는 지역은 더 큰 지역계수를 계산에 반영하고 있다. 과거 지진양상을 고려했을 때 다양한 크기의 지진이 왔고 지반운동의 패턴도 달랐을 것이다. 그렇다면 이 중에 향후 어떠한 수준

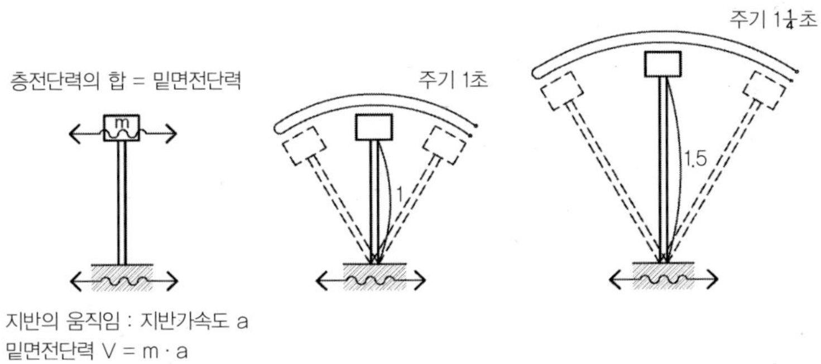

지진하중은 지반의 움직임으로 인한 동적하중이다

KDS 17 10 00 기준의 표 4.2-1 지진구역 참조

지진구역	행정구역		2400년 재현주기 고려시 지역계수
I	시	서울, 인천, 대전, 부산, 대구, 울산, 광주, 세종	0.22
	도	경기, 충북, 충남, 경북, 경남, 전북, 전남, 강원 남부[1]	0.22
II	도	강원 북부[2], 제주	0.14

1 강원 남부(군, 시) : 영월, 정선, 삼척, 강릉, 동해, 원주, 태백
2 강원 북부(군, 시) : 홍천, 철원, 화천, 횡성, 평창, 양구, 인제, 고성, 양양, 춘천, 속초

의 지진이 올 것이라 생각하고 준비해야 할까? 현재는 확률적으로 2400년마다 한 번 올 수 있는 큰 지반가속도를 상정하여 설계하고 있다. 앞 쪽의 표에 있는 지역계수가 그러한 상정을 가능하게 해주는 값이다. 다양한 지반운동의 패턴에 대한 적용도 고려되고 있다.

그리고 같은 지역 중에서도 단단한 지반이 있을 수 있고 연약한 지반이 있을 수 있다. 지반의 단단한 정도가 지진하중에 미치는 영향을 반영하기 위해 우리 기준에서는 지반의 종류를 6등급으로 나누고 등급별로 지진하중 산정에 차이를 두고 있다(옆의 표 참조). 지반등급에 따라 달라지는 증폭계수를 적용하여 대체로 지반이 무를수록 지진하중을 더 크게 평가되도록 하고 있다. 그러므로 건물을 지을 때는 건물이 놓이는 위치의 지반을 조사하여 지진의 영향이 어떠할까 검토해야 한다.

또한 동일한 지역에 동일한 지반이어서 같은 지진파를 받는다고 해도 그 지반 위에 세워진 건물의 구조구성과 중량, 모양 등에 따라 받게 되는 하중의 임팩트는 달라질 것이다. 아까의 진동추로 돌아가 보자. 같은 힘에 대해서도 진동추의 골격의 강한 정도에 따라서 주기도 달라지고 발생하는 힘이 달라질 것이기 때문이다. 이 원리를 건물로 가져오면 건물 구조시스템의 형식이나 구조체의 재료, 크기 등을 반영한 강한 정도가 건물의 움직임과 지진가속도에 영향을 미칠 것을 쉽게 이해할 수 있다. 구조체의 강한 정도, 즉 강성은 움직임의 주기와 밀접한 관계가 있고, 동역학은 그 주기값에 따른 지반가속도 크기를 알 수 있게 해준다.

이렇게 결정된 가속도가 가속도 법칙($F=m \cdot a$)의 a에 해당하는 것이다. 여기에 건물의 질량을 곱해 그 건물에 작용하는 지진하중을 얻어내고 이것을 밑면전단력이라고 부른다. 구조공학에서는 이런 예측과정이 실제 지진 거동과 가까워질 수 있도록 지속적으로 연구하며 설계기준을 만들어내고, 현장에서는 그 기준에서 정하는 지진하중에 견딜 수 있는 건축물을 설계해

KDS 17 10 00 기준의 표 4.2-4 지반의 분류 참조

지반종류	지반종류의 호칭	분류기준		유효수평지반가속도가 0.22g일 때	
		기반암 깊이 H (m)	평균전단파속도 V_s (m/sec)	단주기 증폭계수	1초주기 증폭계수
S_1	암반 지반	1 미만	-	1.12	0.84
S_2	얕고 단단한 지반	1~20 이하	260 이상	1.38	1.38
S_3	얕고 연약한 지반		260 미만	1.46	1.58
S_4	깊고 단단한 지반	20 초과	180 이상	1.36	1.96
S_5	깊고 연약한 지반		180 미만	1.3	2.64
S_6	부지 고유의 특성평가 및 지반응답해석이 필요한 지반			-	-

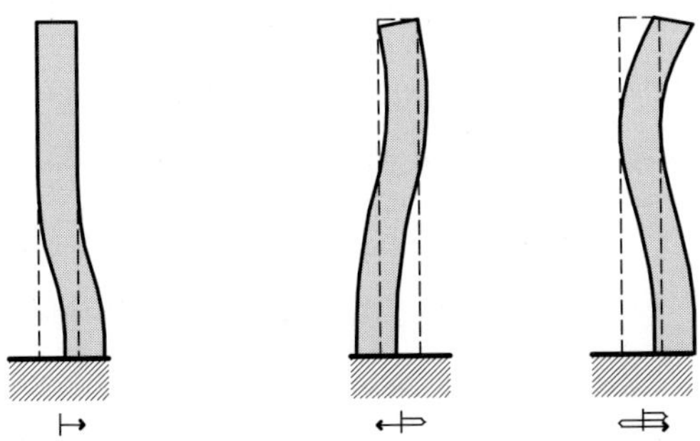

지반은 움직이나 상부구조는 상태를 유지하기 때문에 건물은 휘어진다.

지반운동이 계속되면 건물의 상부구조도 움직이기 시작하고 운동량이 커진다.

지진하중과 고층건물의 진동모드

나가고 있는 것이다.

우리나라에도 빈번한 지진으로 지진에 대한 공포가 생긴 후, 곧잘 듣게 되는 질문이 있다. 현재 건물은 진도(Intensity) 얼마에 견디도록 설계되고 있느냐는 질문이다. 앞서 설명한 것처럼 우리는 현재 2400년에 한 번 올만한 큰 지반가속도를 가정해 설계하고 있다. 그런데 이것이 얼마나 센 것인지 느끼기 어렵다. 그래서 어떤 사람(메르칼리일 듯)이 이 지반가속도의 세기를 사람들이 느낄 수 있는 체감지표(진도)로 만들었고 진도 I 에서부터 진도 XII 까지의 구분으로 설명하여 놓았다. 이를 이용해 뉴스 등에서도 얼마나 센 규모의 지진이었는지 설명한다. 요즘은 내진설계에서 목표로 하고 있는 지반가속도를 어렵게 써놓기도 하지만, 이해를 돕기 위해 그 가속도에 해당하는 진도로 바꿔 표기하기도 한다.

그 외 여러 가지 하중 The Other Loads

건축물은 앞서 열거한 주요한 하중 외에도 다양한 하중의 영향하에 놓이게 된다. 그 중 침하하중(settlement)도 자주 발생하는 하중 중의 하나이다. 건물 아래의 지반이 부실하여 충분한 반력을 낼 수 없다면 어떻게 될까. 그것도 더구나 일부의 지반만이 내려앉는다면 어떠할까. 건물의 일부에 추가적인 하중이 가해지는 것과 똑같은 현상이 나타날 것이다. 실제로 많은 건물에서 기초의 침하가 같지 않다는 부동침하로 인해 문제가 생겨나고 있으며, 이 힘의 영향은 장기적이다. 따라서 건물의 유지관리 단계에서 하중의 영향이 나타나기도 한다.

또한 자연에 존재하는 건축물은 모두 열환경에 놓이게 된다. 열을 받으면 물체는 팽창하고 차가워지면 수축된다. 계절에 따라 체적이 미소하게 변할 수도 있고, 내외부 온도차나 햇빛의 방향에 따라 부분적으로 부재가 수

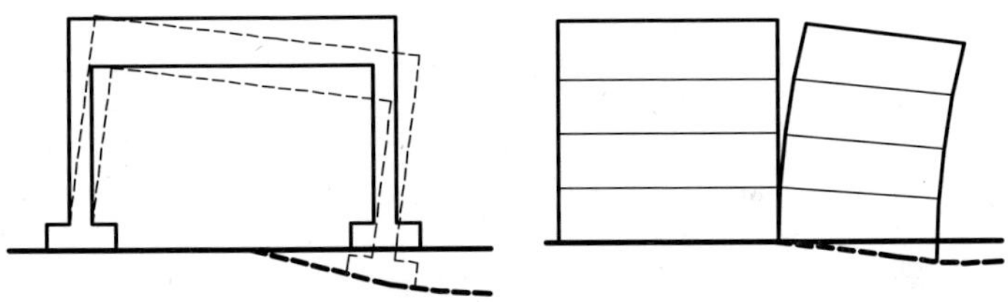

지반의 침하도 건물에는 하중이 된다.

침하하중

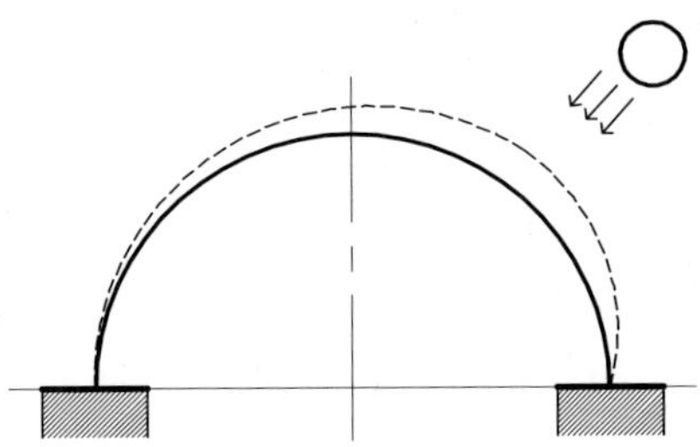

열에 의한 팽창 및 수축이 건물에 하중이 된다.

열하중

축되거나 팽창하면서 구조체에 힘이 가해지게 된다. 이것을 열하중(thermal load)이라고 부른다. 온도차가 큰 지역이라든지 건물의 체적이 매우 큰 경우에는 심각한 부담이 되기도 한다. 따라서 이를 피하기 위해 체적이 큰 건물이나 열의 영향이 큰 경우에는 수축 및 팽창에 대한 완충기능을 고려하여야 한다. 또 경우에 따라서 건물은 내외부에서 작용하는 수압이나 토압에 저항해야 하기도 한다. 예를 들어 지하실의 경우 지하 흙과 닿는 벽은 외부에서 밀고 들어오는 토압과 지하수의 압력을 견뎌야 할 것이다.

여러 하중을 종합적으로 파악해 보자면, 중력 작용으로 인해 위에서 아래로 작용하는 수직하중들이 있고 바람과 지진같이 횡방향으로 작용하는 수평하중이 있다고 크게 나누어 생각할 필요가 있다. 왜냐하면 수직하중과 수평하중에 대하여 구조가 저항하는 방식과 부재의 역할이 각기 조금씩 다르기 때문이다.

또한 자중과 같은 정적인 하중과 바람이나 지진과 같은 동적인 하중은 건물에 미치는 영향이 크게 다르므로 구별되어 인식될 필요가 있다. 일정한 힘을 갖는 하중이라고 해도 움직임이 없이 작용할 때와 충격을 가할 때도 크게 달라진다. 특히 작은 힘의 크기일지라도 일정한 주기를 가지고 반복적으로 가해시는 요인이 있는 경우에는 예상을 뛰어넘는 위험이 되기도 한다. 그런가 하면 하중이 짧은 시간에 작용할 때에는 재료가 오랜 시간 힘을 낼 필요가 없으므로 재료의 저항능력은 장기하중보다 단기하중에서 더 강한 것으로 본다. 고정하중이나 사용하중 등은 장기하중이지만 일시적으로 작용하는 지진이나 바람 등의 하중은 단기하중으로 구분된다.

이러한 하중 중에 우리가 설계하는, 혹은 살고 있는 건물에는 어떠한 하중들이 작용하는 것일까. 만들어낸 건물의 형태에 따라, 기능에 따라, 주위 환경에 따라 셀 수없이 많은 경우의 수가 있을 것이다. 이렇게 건물에 전방위적으로 작용하는 하중이 건축구조 구성의 첫 번째 고려대상이다. 우리가

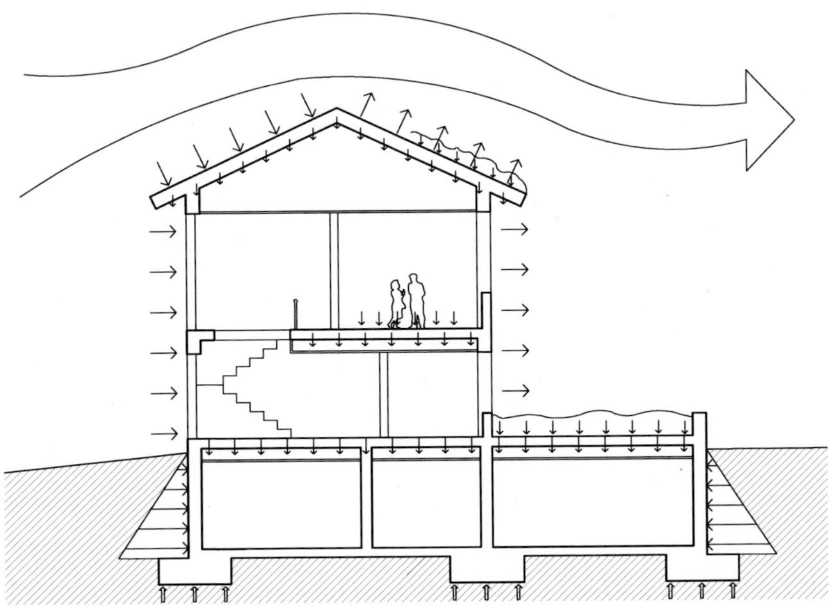

건축물은 다양한 하중들을 견딘다.

구상하는 건축물이 땅위에 서있게 하기 위해서는 적을 먼저 알아야 한다. 그래야 싸운다.

하중 적용하기 Applying Loads

그렇다면 여러 하중들은 어떻게 각 부재로 전달되어 지반까지 가게 되는 것일까. 고정하중과 사용하중의 경우만을 가정하여 구조체에서 하중의 적용과정을 간단하게 생각하기로 한다. 옆의 그림과 같이 6개의 기둥으로 지지된 가로 4m, 세로 4m의 철근콘크리트조 주택 건물이 있다고 가정해보자. 이 구조체에는 어떠한 하중이 작용할까.

먼저 구조체 자신의 무게인 자중이 있을 것이다. 두께 15㎝의 4m×4m 커다란 판의 무게를 느낄 수 있다. 그리고 그 위로 생활하기 때문에 작용하는 가구와 가족들의 사용하중이 있다. 실제 사용되는 하중은 불규칙하지만, 이것을 기준에서는 그 용도에서 일어날 법한 하중을 여유있게 가정하여 ㎡당 무게로 정하고 있다. 일정 하중이 면적에 따라 균등하게 분포되는 것으로 보는 것이다. 기준에 따르면 우리가 가정한 주택거실의 활하중은 1㎡당 2kN이다. 1㎡마다 체중 50kgf의 사람이 네 명씩 빼곡히 들어서 있는 것과 유사한 값을 주택의 활하중으로 가정하는 것이다. 실제 사용과 비교했을 때 충분히 여유를 가지고 있다고 느껴질 것이다.

활하중에서도 보았듯이 하중을 가정할 때에는 단위면적당 값을 산정하여 적용하는 것이 편리하다. 이렇게 되면 부재길이가 늘어나거나 바닥판의 면적이 변화하여도 하중값의 산정이 용이하기 때문이다. 그렇다면 1㎡로 구획된 단위면적의 바닥판의 자중을 계산해 보자. 59페이지의 그림을 떠올리면 쉽게 얻어낼 수 있을 것이다. 만일 이 바닥판 위에 두께 15㎝의 온수난방층이 있다면 어떻게 될까. 바닥판의 단위면적당 무게에 단위면적당 난방층

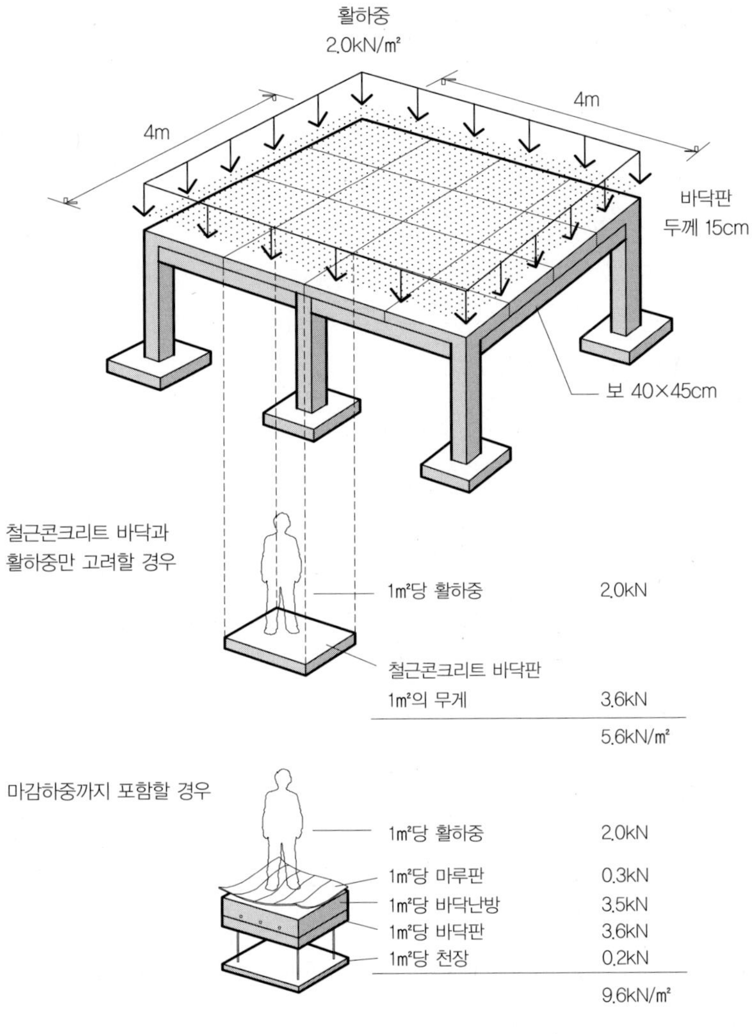
활하중
2.0kN/㎡
4m
4m
바닥판
두께 15cm
보 40×45cm
철근콘크리트 바닥과
활하중만 고려할 경우
1㎡당 활하중 2.0kN
철근콘크리트 바닥판
1㎡의 무게 3.6kN
5.6kN/㎡
마감하중까지 포함할 경우
1㎡당 활하중 2.0kN
1㎡당 마루판 0.3kN
1㎡당 바닥난방 3.5kN
1㎡당 바닥판 3.6kN
1㎡당 천장 0.2kN
9.6kN/㎡

단위면적당 하중 구하기

의 하중을 더해 자중값을 구하여야 할 것이다. 그 위에 마루가 깔린다거나 바닥 밑면에 아래층의 천장이 매달린다거나… 모두 동일한 방식으로 실제 설치되는 모든 물체의 무게를 단위면적 기준으로 합산해 나간다.

이제 1m×1m 단위면적의 자중과 사용하중이 결정되었다. 그러나 우리가 생각하는 구조체는 1m×1m가 아니라 4m×4m이다. 이 단위조각이 16개가 있는 셈이다. 전체의 무게를 한 번에 구해내라면 쉽게 16을 곱해버리면 되겠지만, 그보다는 바닥하중이 얼마만큼 각 보로 전달되어 각 기둥으로 흘러가겠는가를 알아야 할 필요가 있다. 그래야 보나 기둥과 같은 부재들을 설계할 수가 있다. 그림에 나타난 예에서 마감하중을 제외한 철근콘크리트 바닥과 활하중만을 고려하여 생각해 보기로 한다.

보나 기둥으로 흘러가는 하중은 그 부재가 감당하고 있는 바닥판의 범위에 따라 다르다. 중앙에 있는 보의 경우는 바닥판의 한가운데 위치한다. 따라서 양측 슬래브의 반씩을 감당하게 될 것이다. 1m×1m 단위면적으로 분할했을 때 왼쪽에 4개, 오른쪽에 4개, 총 8개 조각의 하중을 받게 된다. 그런데 이 보는 길이가 4m이다. 보가 받게 되는 하중은 보의 어느 특정부위로 집중되는 것이 아니라 4m 길이에 걸쳐 골고루, 양측 2조각을 합한 하중과 보 자기 자신의 무게를 받게 될 것이다. 그래서 보에 작용하는 하중은 '단위길이당 하중' 으로 표현한다. 여기서는 1m당 양측 2조각의 무게는 11.2kN이 되며 보의 1m당 자중은 4.32kN으로 계산하였으므로 합해서 15.52kN이 된다. 이것은 보가 1m당 받는 하중이므로 kN/m로 표기하고 흔히 '선하중' 이라고 부른다. 가장자리에 있는 보의 경우는 어떠한가. 1m당 한 쪽 편의 조각과 자중만 받아내면 될 것이다.

그리고 그 보가 받은 하중은 반으로 나뉘어 양 끝에 있는 기둥으로 전달된다. 하나의 기둥은 4m 보의 절반인 2m 보가 받는 하중을 전달받게 될 것이다. 결국 기둥이 보로부터 받은 하중이 기초로 전달된다.

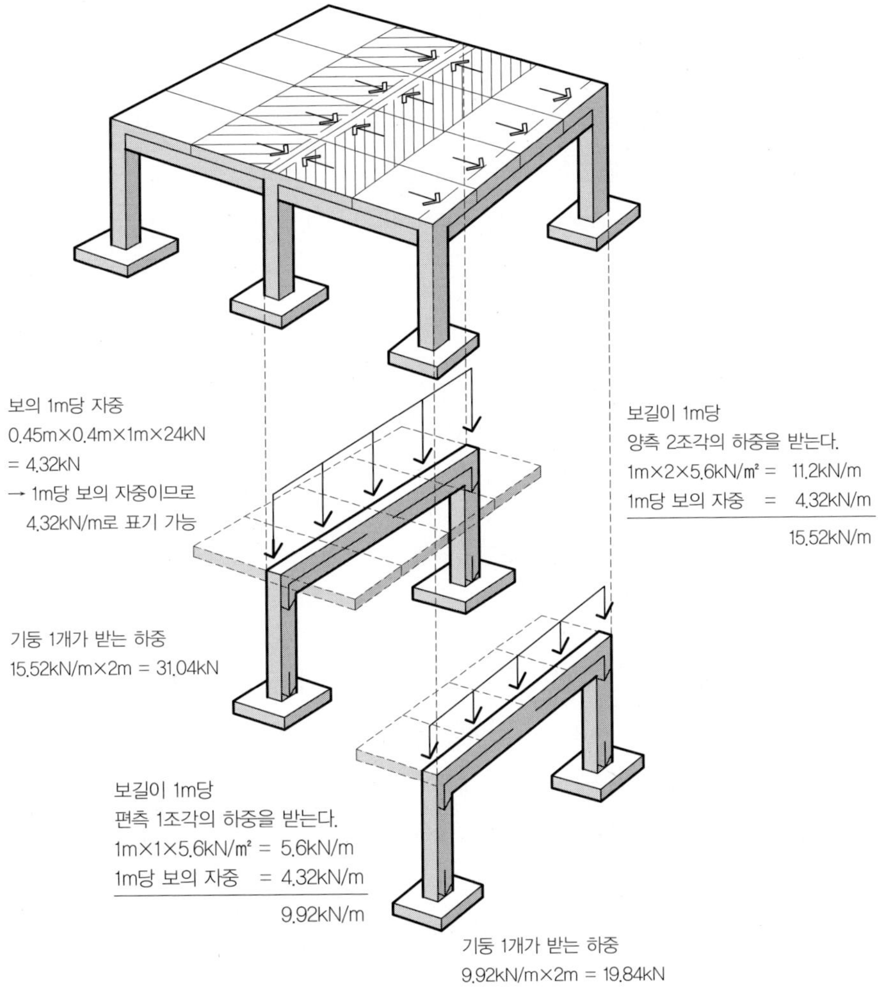

보와 기둥으로 흘러가는 하중 구하기

실제 구조계산에서는 가정하는 하중은 이와 같이 계산된 하중보다 더 큰 하중을 받는 것으로 가정하여 설계에 적용한다. 이것을 '안전율, 하중계수'라고 하는데 구해진 하중값에 일정 비율을 증폭시키는 계수를 적용하는 것이다. 우리 기준에서는 고정하중에 대하여는 1.2배, 활하중에 대해서는 1.6배로 하중값을 증대시켜 이 값에 저항하는 부재를 설계하고 있다.

구조의 성립에 있어서 하중은 구조체의 전체를 결정하는 직접적 원인이 된다. 그러므로 하중 가정은 매우 세심하고 주의 깊게 이루어져야 하는 작업이다. 그러나 자연의 도전과 인간의 사용을 가정하여 예측한 값을 기본으로 하는 것이어서, 곧잘 우리가 전혀 예상치 못한 하중에 의해 붕괴되는 경우를 겪는다. 어떠한 경우에라도 건축을 만드는 사람은 자신의 건축행위가 곧 하중을 불러오는 작업이라는 것을 느꼈으면 한다.

구조체 내부에서 발생하는 응력
Stresses in Structural Members

구조체가 하중을 받으면 하중 해소점에서 반력이 형성되고 구조체의 내부에서는 '응력(應力, stress)'이라는 것이 발생하여 하중에 저항하는 것으로 가정하자고 하였다. 이 중에 앞에서 우리는 건축물에 작용하는 다양한 하중의 종류를 살펴보았다. 구조체를 누르고, 끌고, 밀치는 다양한 하중에 대하여 부재가 저항하는 응력 또한 여러 종류일 것이라는 짐작이 든다.

안전하고 튼튼한 건축물, 구조물을 만들어낸다고 하는 의미는, 결과적으로 봤을 때, 제대로 된 재료와 부재 크기를 결정해서 올바른 응력이 발휘되도록 하는 것이라 할 수 있다. 그러므로 우리가 가장 확실하게 알고 있어야 하는 것이 바로 이 부재응력에 관한 부분이라고 하겠다. 부재 내부의 속사정에 대한 이해 없이 구조를 이해한다는 것은 불가능하므로, 여기서 이들

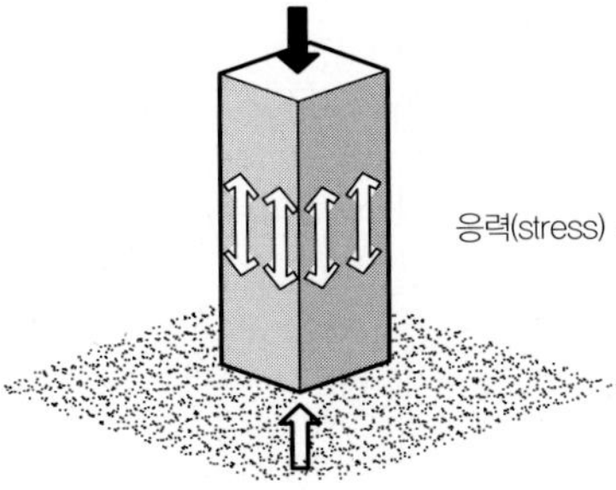

응력은 부재 내부에서 반응하는 힘이다.

다양한 성격의 응력에 대해 구체적으로 고찰해 보고자 한다. 즉, 부재 내에서 과연 어떤 일이 벌어지고 있는가에 관한 이야기이다.

구체적으로는 구조부재에서 주로 발생하는 4가지의 응력, 인장, 압축, 휨, 전단응력에 대하여 설명하고자 한다. 그러나 이외에도 부재에 일어나는 응력에는 보다 많은 종류가 있고, 또 깊이 들여다보면 힘을 받았을 때 부재 내부의 성질이 한 가지의 응력의 성질로 단순히 설명되기 어려운 점이 있다. 그리고 하나의 부재에서 여러 가지의 응력들이 복합적으로 작용하기도 한다. 그러나 여기서는 구조원리의 이해를 돕기 위하여 4가지 기본 응력으로 단순화하여 이야기하고자 한다.

인장 Tension

어떤 부재는 당겨진다. 당겨지는 것에 대해 반력이 형성될 수 있는 조건이라면 부재는 당겨지는 힘에 저항한다. 이때 부재 내부에서 저항하는 방식은 재료분자가 분리되려고 하는 것에 저항하는 것이므로 그림과 같이 당기는 것에 반대하는 화살표방향으로 힘을 내고 있다고 볼 수 있다. 이것이 인장응력(tensile stress)이다. 인장응력은 인장력이 작용하는 부재 내부에서 발생하고, 이때 힘을 받은 부재는 힘이 작용하는 방향으로 늘어나며 그 직교방향으로는 줄어드는 변형형태, 즉 인장변형 상태를 보인다. 인장응력은 하중을 받았을 때 부재단면 전체가 저항하는 것으로 가정되므로 단면적에 대한 외력의 비로 구해진다.

변형에 대해 조금 더 깊이 알아보자. 어느 재료나 힘을 받게 되면 그 힘으로 인해 형태가 변형되는데, 이때 힘이 작용하는 방향(길이방향)과 그 직교방향(가로방향)으로 동시에 변형이 일어나게 된다. 이 변화가 재료마다 동일하지 않을 것은 분명하다. 예를 들어 당기는 물체가 넓은 고무판이라고

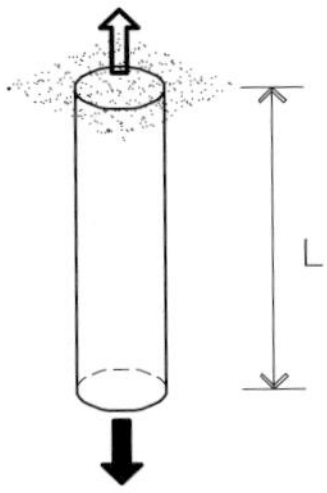

부재에 당기는 힘을 가하면 반력이 생긴다.

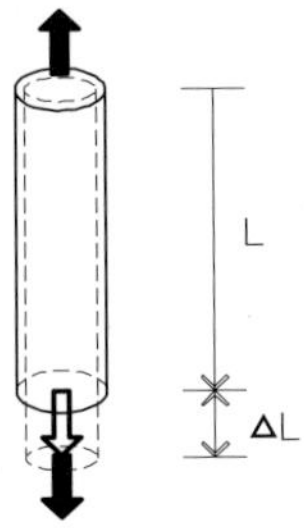

당겨지면 늘어난다.

인장변형도 ε (tensile strain)
$\varepsilon = \Delta L / L$

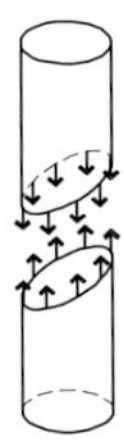

내부 단면 전체에 인장응력이 발생한다.

인장응력 σ (tensile stress)
$\sigma = P/A$

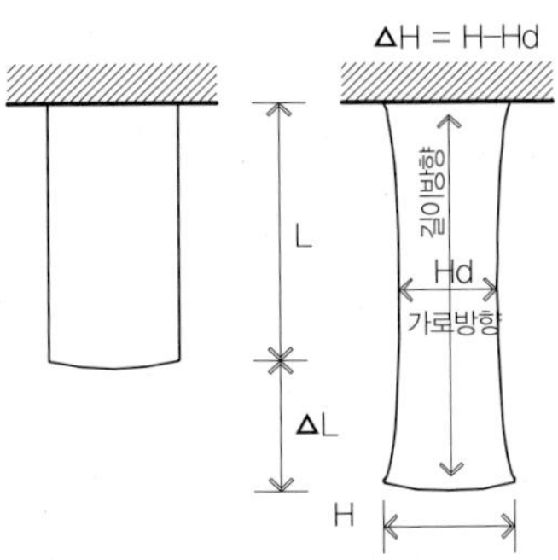

고무판을 당겨본다.
길이방향으로는 늘어나지만 가로방향으로는 줄어든다.

푸아송비(poisson's ratio)

$$\upsilon = \frac{\text{가로방향 변형률}}{\text{축방향 변형률}}$$

인장응력은 당기는 힘에 대한 저항이다.

생각해보자. 쉽게 늘어나고 가로방향으로 줄어드는 것도 눈에 띄게 보일 것이다. 그러나 같은 폭과 두께의 나무판을 당긴다고 생각해보자. 쉽게 늘어나는 양상을 보이지 않고 가로방향으로 줄어드는 정도도 눈에는 띄지 않을 것이다. 그러므로 당연히 이러한 변형의 차이는 재료의 성질을 나타내는 주요한 지표가 된다.

그래서 힘을 가하는 방향의 변형을 원래 길이에 대해 움직인 길이의 비율인, '변형도(strain)' 라 표현하여 재료의 성질을 나타내는 지표로 사용한다. 뿐만 아니라 힘이 가해지는 길이방향 변형도에 대한 가로방향의 변형도 또한 재료성질을 잘 나타내는 지표(푸아송비, Poissong' s ratio)가 되기 때문에 모든 재료의 소개에서 늘 등장한다.

압축 Compression

압축은 인장의 반대이다. 외부에서 누르는 힘이 작용하여 그 힘에 반대되는 반력이 형성되면 부재 내부에는 미는 압력에 대응하여 밀쳐내는 응력이 발생하게 된다. 이것이 압축응력(compression stress)이다. 압축응력이 생겨나면 부재는 줄어드는 변형을 보이고 직교방향으로는 확장되는 압축변형 상태를 보이게 된다.

압축응력 역시 부재 단면 전체에 걸쳐서 동일한 응력이 발휘되는 것으로 가정되며 부재 단면의 크기와 외력에 따라 응력의 크기가 결정된다. 인장응력과 동일한 식으로 구해낼 수 있는데, 다만 부호만이 반대이다. 식만 동일한 것이 아니라 사실 인장과 압축은 개념이 동일하나 방향이 반대인 힘의 상태이다. 두 가지 응력 모두 부재의 길이방향을 따라서 부재 전체가 당겨지거나 혹은 압축되는 축응력 상태인 것이다. 그러나 부호가 반대인 것처럼 모든 점에서 그 상태가 정반대이다. 인장응력은 당겨져 늘어나는 상태이고 압축응력은 눌려져 수축되는 상태이다.

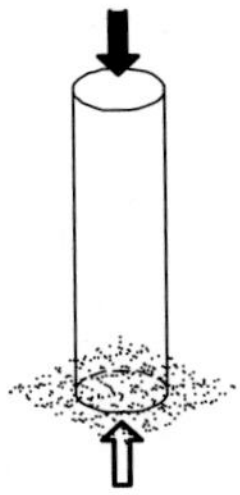

부재에 누르는 힘을 가하면 반력이 생긴다.

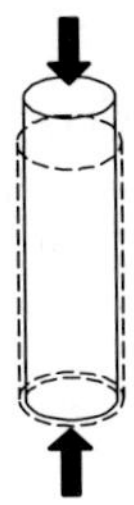

압축되면 줄어든다.

압축변형도 ε (compression strain)

$\varepsilon = \Delta L/L$

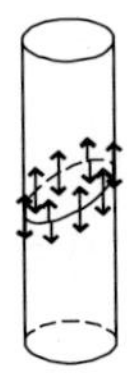

내부 단면 전체에 압축응력이 발생한다.

압축응력 σ (compression stress)

$\sigma = P/A$

압축응력은 누르는 힘에 대한 저항

그러나 압축에는 인장과 동일하지 않은 불리한 조건이 하나 있는데, 그것이 바로 좌굴(buckling)이다. 우측에 인장을 받는 부재와 압축을 받는 부재의 조건을 변화시킨 그림이 있다. 부재는 단면적은 동일하게 하고 한 가지 조건만을 변화시켰는데, 그것이 '부재의 길이'이다. 인장의 경우에는 길이가 길어졌다고 해서 당김에 저항하는 인장응력에 변화가 올 것으로 생각되지 않을 것이다. 그러나 압축은 어떠한가. 동일한 두께의 부재가 길어지면 가늘어졌다고 느껴진다. 가는 부재에는 압축을 가하기가 꺼려진다. 왜냐하면 금방 휘어질 것 같기 때문이다.

다시 말해 압축을 받는 부재는 가늘어지면, 즉 단면에 비해 길이가 길어져 세장해지면 압축응력만으로 받을 수 있는 하중값에 한계가 생긴다. 한계범위 안에 들어오는 하중까지는 압축응력만으로 견뎌내지만 그보다 하중이 많아진다면 휘어진다. 휨응력으로 저항하게 되는 것이다. 이것은 하중저항에 불리한 일이 되는데, 다음과 같은 생각을 해보면 금방 알 수 있다.

가늘고 긴 금속으로 만든 지팡이를 철봉에 걸고 매달렸다고 하면 그 지팡이는 충분히 우리 몸의 무게를 견딜 것으로 상상된다. 그러나 그 지팡이를 내려 몸을 기대보려 하니 지팡이가 휘어질 것 같아 걱정스럽다. 이때 어떻게 해야 지팡이가 휘어지지 않게 할 수 있을 것인가. 아마도 지팡이를 두껍게 해야겠다고 느낄 것이다. 이렇게 가는 부재에 작용하는 압축력은 인장과 달리 체적의 증가를 요구한다. 구조부재의 체적증가는 공간을 차지하고 자중을 증가시킨다. 이러한 이유 때문에 압축응력보다는 인장응력이 효율적이라고 여겨지는 것이다.

휨 Flexure - Bending Moment

이제까지의 응력들은 부재 길이를 따라 직선으로 하중을 전달하는 응력들이었다. 이와 달리 이번에는 그림에서처럼 중간에서 하중을 받아 양끝으

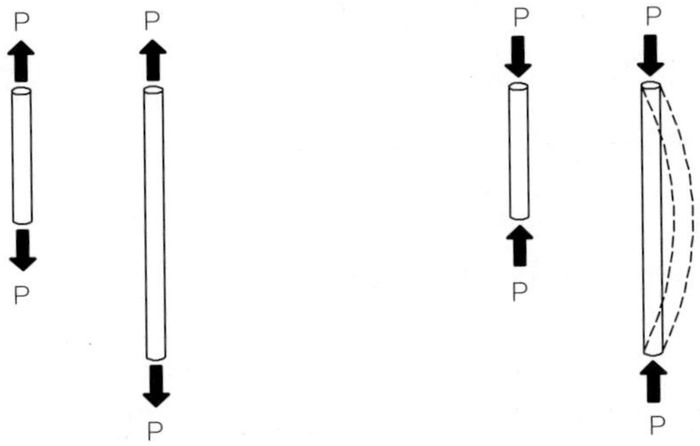

인장력은 길이에 관계없다.

압축력은 길이가 길어진 쪽이 불안하다.
좌굴의 존재

인장응력과 압축응력의 차이

로 내려놓아야 하는 경우를 생각해보자. 가운데가 처져 내리며 휘어질 것이다. 이때 부재 내부에서는 휨응력(flexure stress)이 발생한다고 하고 처져 내리는 형태변화를 보고 휨변형이라고 부른다.

휘어지는 변형형상을 잘 살펴보자. 직선이던 부재가 곡선으로 휘어질 때에는 윗부분은 원래의 길이보다 줄어들고 아랫부분은 유연하게 늘어나야 휘어질 수 있다는 것을 알 수 있다. 앞서 언급한 바와 같이, 줄어드는 변형은 압축변형이고 늘어나는 변형은 인장변형이다. 그러므로 줄어드는 부분은 압축응력이, 늘어나는 부분은 인장응력이 발생하고 있는 부분이라는 것을 알 수 있다.

즉, 휨응력의 내면을 잘 살펴보면 인장과 압축응력이 하나의 단면에서 동시에 나타나는 것임을 알 수 있다. 인장과 압축은 그 단면의 제일 상단부와 제일 하단부에서 가장 크게 나타나고 중앙을 향해 점점 줄어들다가 가운데 부분을 경계로 하여 서로 그 역할이 바뀐다. 이 두 힘의 경계가 되는 가운데 부분에서는 응력이 0이 되는데, 이 부분을 중립축이라고 부른다.

휘게 하는 힘의 크기는 단순 압축이나 인장과 같이 힘의 단위인 kgf나 kN 등으로 나타낼 수 없다. 왜 그런가 하면 휘어지는 정도는 단순히 가해지는 힘의 크기만이 아니라 힘의 작용거리와도 관계가 있기 때문이다. 다이빙대를 상상하며 옆의 그림을 보자. 한 선수가 두 개의 길이가 다른 다이빙대에서 뛰어내린다고 할 때에 어느 다이빙대가 더 많이 휘어지겠는가. 가해지는 힘이 동일하다고 하더라도 긴 다이빙대에서 뛸 때에 더 많이 휘어질 것이다. 이렇듯 힘의 크기가 동일하더라도 힘이 작용하는 거리에 따라 휘어지는 정도가 달라지므로 당연히 거리가 휨의 변수가 되어야 한다. 그래서 휨의 크기는 힘×거리(kgf · cm, kN · m)로 표현하고 이를 휨모멘트(bending moment)라고 부른다.

이전에 인장이나 압축에서는 외력에 보다 쉽게 저항하기 위하여 부재의

가운데 오는 하중을 양끝단으로 전달

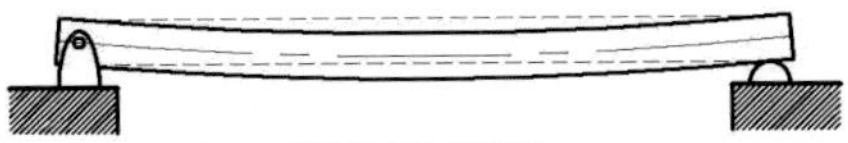

중앙부가 처진다.
상부는 줄어들고 하부는 늘어난다.

휨변형(deflection)

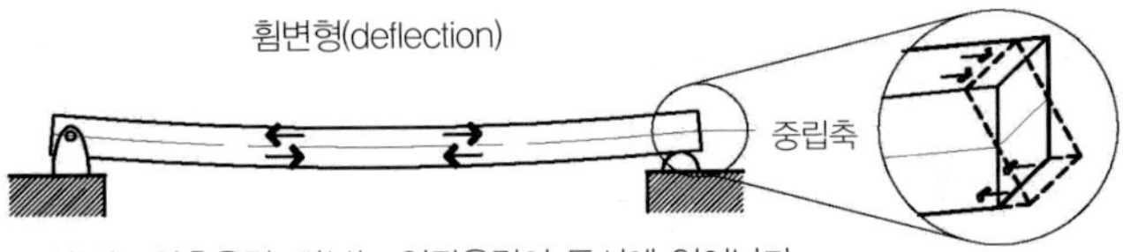

상부는 압축응력, 하부는 인장응력이 동시에 일어난다.

휨응력(flexure stress)

1

허용응력을 훨씬 넘어선 순간까지 하중이 가해진 실험체. 실제 건축 구조에서는 이렇게 눈에 띄는 변형과 응력상태를 허용하지 않는다.

휨응력 부재의 파괴 양상

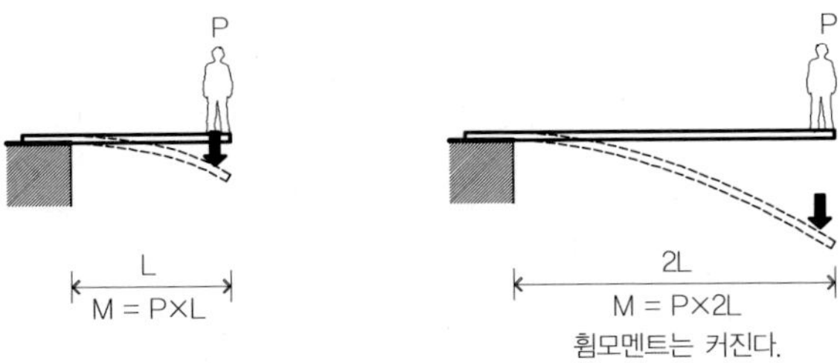

휨모멘트는 힘과 거리의 곱으로 나타난다.

휨응력은 휘어지는 힘에 대한 저항이다.

단면적을 크게 하였다. 그렇다면 휨의 경우에도 단면적만을 키우면 휨모멘트에 효과적으로 저항할 수 있을 것인가. 그림과 같이 직사각형 모양의 막대를 이용하여 각기 다른 면에 하중을 놓아본다고 가정해보자. 당연히 두 방향의 휨 저항 정도는 같지 않다는 것을 짐작할 수 있다. 같은 단면적을 갖는다고 해서 동일한 휨응력을 내는 것이 아니라 어떤 모양으로 사용하는가 하는 단면형상이 영향을 미치는 것을 알 수 있다. 그렇기 때문에 휨응력 계산식은 단면계수(z)에 대한 휨모멘트의 비로 나타낸다. 단면계수는 단면적 뿐만 아니라 휨에 저항하는 단면형상의 성질을 반영할 수 있도록 고안한 계수이다.

살펴본 바와 같이 휨응력은 하나의 부재 안에서 인장과 압축 두 가지 힘이 발휘되어야 하므로 최대응력을 필요로 하는 부위부터 0에 이르는 중립축까지 단면 내에서 응력이 변화하게 된다. 이것은 최대응력을 기준으로 균일하게 생긴 부재를 선택했을 때 그 내부단면은 항상 여유있는 응력상태가 된다는 의미가 된다. 그러므로 당연히 부재효율이 낮아진다. 이와 달리 인장이나 압축응력 부재는 부재의 전체 단면에서 한 가지의 응력만을 균일하게 발휘하면 되기 때문에 휨응력보다 재료 사용이 효율적이다.

전단 Shear

구조부재의 어느 곳에서는 가끔 반대쪽에서 엇갈리는 힘이 작용하여 부재가 잘라지려는 현상을 보이기도 한다. 이것은 그림과 같이, 압축될 때와 유사한 힘이 어긋나게 작용할 때에 발생한다. 어떠한 물체를 가위나 펀치와 같은 기구로 잘라낼 때를 생각해보면 이러한 엇갈리는 힘이 잘라내는 것의 원리임을 알 수 있다. 가위나 펀치는 비교적 얇은 물체에 힘이 어긋나는 거리를 좁게 하여 날카롭게 잘라낸다.

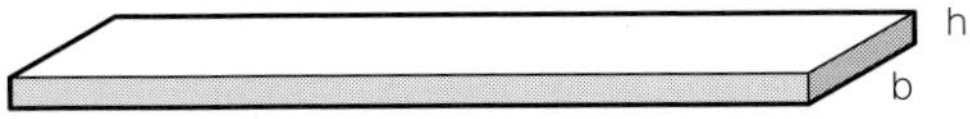

휨응력$(\sigma) = \frac{M}{Z}$　　　　단면계수$(Z) = \frac{bh^2}{6}$

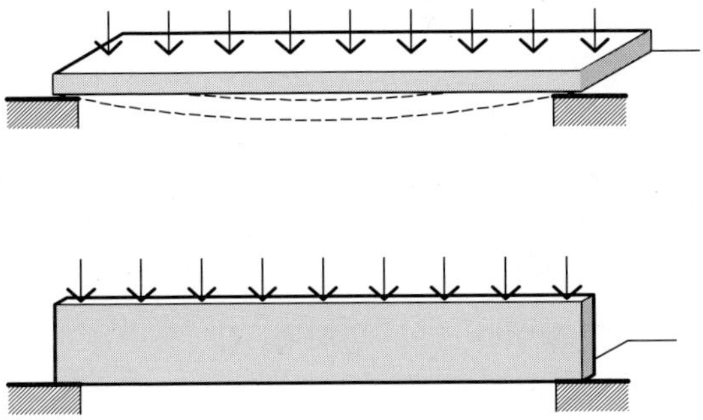

어느 쪽이 더 유리할까

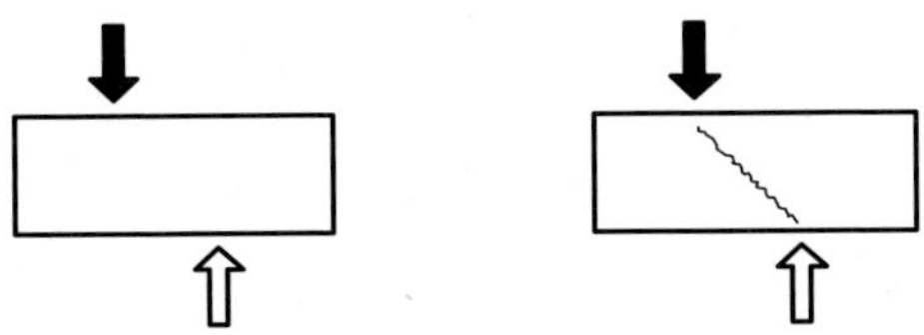

반대방향의 힘이 엇갈려 작용한다.

전단력

건축에서 사용되는 부재는 이와 달리 좀 두껍고 힘의 작용부위도 비교적 넓은 편이다. 구조부재처럼 좀 두꺼운 물체라고 가정하고 이렇게 엇갈리는 압축력을 가하는 것을 상상해보자. 그림에서 보이는 것처럼 물체는 작용하는 힘의 사이가 갈라지면서 위쪽과 아래쪽으로 나눠지려고 할 것이다. 갈라진다는 현상은 힘이 양쪽에서 잡아당겼을 때 나타나는 현상이다. 즉, 인장상태라는 의미이고 그 균열의 직각방향으로 인장응력이 발생한다는 것을 짐작할 수 있다.

전단력을 받았을 때 변형되는 형태를 자세히 보자. 사각형이었던 처음 모양이 대각선 방향인 인장응력방향으로 늘어나면 마름모꼴이 되면서 자연스럽게 그 인장방향의 직각방향으로는 길이가 줄어들게 된다. 길이가 줄어드는 변형, 즉 압축변형이다. 다시 말하면, 전단응력은 부재축의 대각선 방향으로 인장과 압축이 동시에 작용하는 응력이다. 전단변형의 크기는 이제까지의 변형이 길이의 줄고 늘어난 것을 기준으로 하는 것과 달리, 사각형이 마름모로 움직인 각의 변화를 변형의 기준으로 삼는다. 그리고 전단력에 대응하여 응력을 내는 부분은 그림과 같이 작용하는 힘과 평행한 부분의 단면일 것이므로 저항하는 부분의 단면적에 대한 전단력의 비로 얻어진다.

건축물에서 전단력이 작용하는 부분은 어느 부분일까. 실제로 힘이 엇갈리는 여러 곳에서 전단력이 작용한다. 그 중 가장 쉽게 볼 수 있는 곳이 위쪽과 아래쪽의 힘이 가깝게 만나는 부분, 예를 들면 보와 기둥이 만나는 부분이나 기둥과 기초가 만나는 부분이다. 보와 기둥이 만나는 경우를 예를 들면 보는 기본적으로 휨을 받는 구조부재이다. 그림에서 보인 것처럼 변형을 알 수 있게 모눈을 그리고 부재를 휘어보면, 휘어짐과 동시에 모눈의 사각형이 마름모로 변하는 전단변형 모습을 보여준다. 따라서 휨과 전단이 동시에 발생하고 있다는 것을 알 수 있다. 생각해보면 휨이라는 것은 위에서 내려오는 힘을 양 끝에서 그 반대되는 힘을 내며 붙잡고 있는 것이고, 중앙

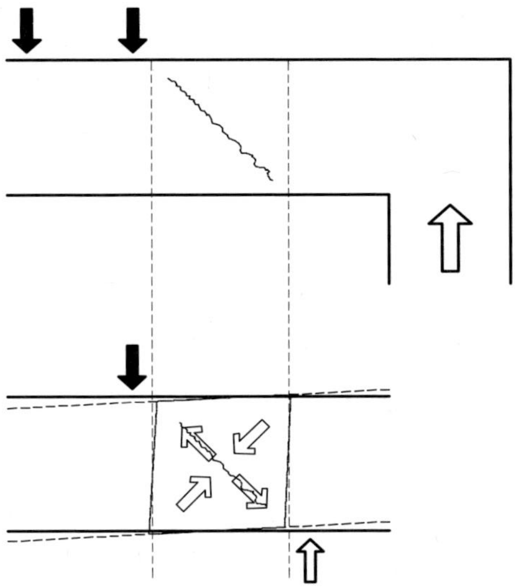

대각선 방향으로 인장과 압축이 동시에 일어난다.

전단응력(shear stress)

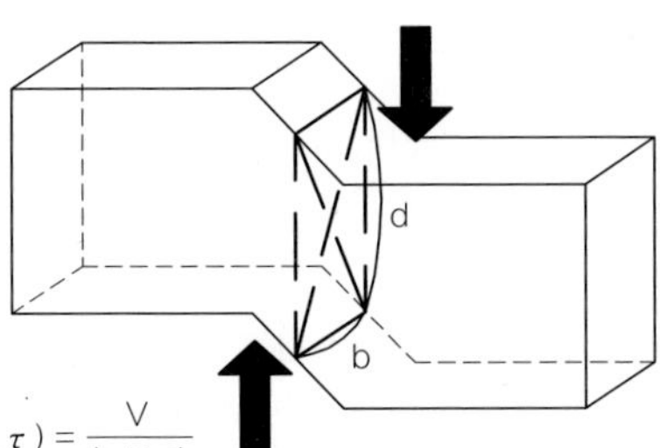

$$평균전단응력(\tau) = \frac{V}{b \times d}$$

전단응력이 발생하는 부분의 면적이 전단력에 저항한다.

전단응력은 자르려는 힘에 대한 저항

에서는 위에서 내려오는 힘만 존재하지만, 끝단에서는 그 힘과 엇갈려 아래에서 밀어 올리는 힘이 작용해야 휘어진다는 조건이 성립하는 것이다. 하나의 휨재에서는 전단응력이 동시에 발생할 수밖에 없는 조건임을 알 수 있다. 따라서 보를 설계할 때에는 휨응력뿐만 아니라 전단응력에도 저항하도록 설계하고 있다.

이 4가지 응력들은 구조물의 곳곳에서 일어나며 하중을 지탱하고 있는 주요 응력들이다. 건축물에서는 이들 응력을 활용하여 구조시스템을 구성하고 하중에 저항하여 공간을 만들어내도록 하고 있다. 6장에서는 이들 주요 응력을 활용하고 있는 구조시스템들의 자세한 구성원리에 대해서 알아보도록 한다.

좀 더 읽어보기

- 대한건축학회 편저, "건축물 하중기준 및 해설", 대한건축학회, 2000.
- A. J. Macdonald 저, 유우상 · 이수권 · 최상민 역, "건축의 구조와 디자인", 시공문화사, 2003.
- M. Salvadori, "The Art of Construction", Chicago Review Press, 2000.
- M. Salvadori · R. Heller 저, 윤일주 · 김용부 역, "건축의 구조", 기문당, 1993.
- F. Moore, "Understanding Structures", McGraw-Hill, 1999.
- J. Ambrose, "Building Structures Primer", John Willy & Sons, 1981.
- A. Hanaor, "Principles of Structures", Blackwell Science, 1998.

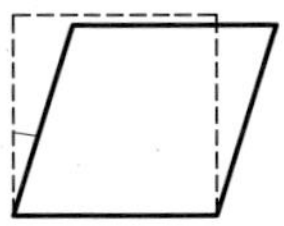

마름모로 변화하는 각변화
전단변형(shear strain)

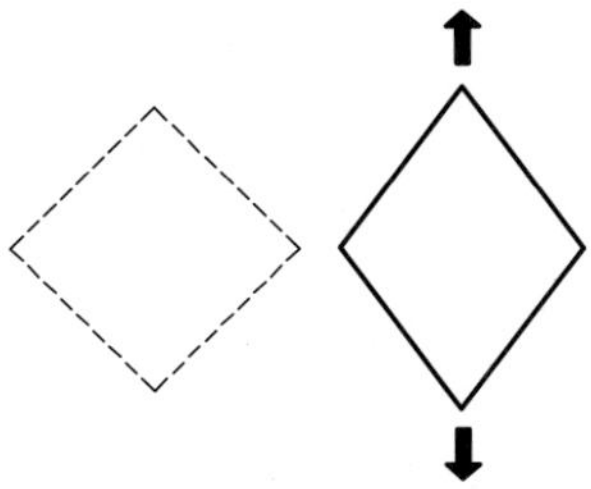

모서리를 당긴다.

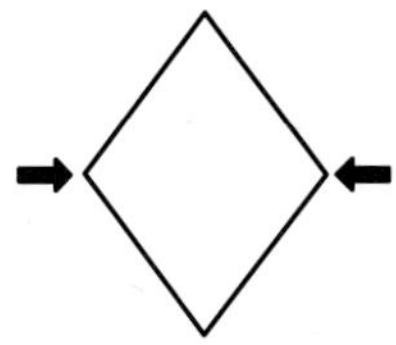

모서리를 압축한다.

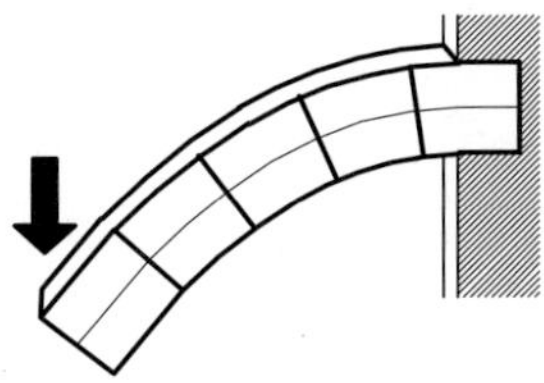

휨과 전단은 동시에 일어난다.

Chapter 3

구조의 재료

Materials of Structure

3 구조의 재료
Materials of Structure

이제 건축구조체를 만드는 재료에 대해 생각해보자. 건축물을 짓는 데는 과거로부터 현재까지 다양한 재료가 사용되어 왔고, 각 재료는 그 성질에 따라 구성방법에 차이를 보이며 건축형태와 공간구성에 영향을 미쳐왔다. 여기서는 건축구조에 활용되는 주요 재료들을 살펴보고 기본 특성에 대하여 알아본다.

석재 · 벽돌 · 블록
Stone · Brick · Block

원시시대로부터 힘을 받아줄 수 있는 단단한 건축재료로 가장 쉽게 주목받았던 재료가 바로 석재였을 것이다. 석재는 압축강도를 가지면서도 강한 내구성을 가지고 있기 때문에 실제로 고대로부터 지금까지 남아있는 많은 조형물이나 건축물들의 대다수가 돌로 만들어졌다. 자연에 존재하는 수많은 종류의 석재들이 건축에 활용되어 왔고 시간이 지남에 따라 다양한 방식으로 가공되고 결합되어 건축구조를 구축하여 왔음을 볼 수 있다.

가장 손쉬운 구법으로는 크고 작은 사이즈의 석재를 쌓아서 원하는 부재를 구성하는 것이고, 이때 모르타르와 같은 접착제를 이용하여 보다 더 큰 덩어리를 만들어내는 조적구법이 사용되었다. 쌓아올리는 구법인 조적조의 재료는 석재 외에도 인공적으로 만들어낸 벽돌, 블록 등으로 다양화되었고 이들 역시 모르타르 등으로 결합되어 구조체를 이룬다.

1
돌로 지어진 쾰른 성당

2
벽돌로 지어진 명동성당

석재의 강도 및 중량

석 재	압축강도(MPa)	휨강도(MPa)	단위체적 중량(kgf/㎥)
화 강 암	150	14	2600~2900
안 산 암	100	8.5	2500

힘을 내는 구조부재로서 이들 조적재의 성질을 살펴보면 재료 자체의 압축강도는 비교적 크지만, 인장강도는 매우 작은 재료들인 것을 알 수 있다. 그래서 인장과 압축이 동시에 작용하는 휨강도가 많이 부족하다. 특히 모르타르로 접착되어 만들어진 조적부재에 인장강도가 발휘되는 것을 기대할 수는 없다. 그리고 오랜 세월 견뎌온 역사적 유구들이 증명하듯이 내화성과 높은 내구성을 가지고 있으나, 다른 재료들과 비교했을 때 일정 강도를 내기 위하여 사용되는 재료량이 많고 재료의 비중이 크다.

이와 같은 물리적 성질을 바탕으로 보았을 때, 석재, 벽돌, 블록 등을 사용하는 조적구법은 주로 압축응력이 발휘되는 부재에서만 사용이 가능하다는 것을 알 수 있다. 따라서 단단한 벽, 기둥, 아치와 같이 압축력이 작용하는 부재구성에 활용되어 왔으며, 이와 같은 부재에서도 잠재되어 있는 인장력, 예를 들면 지진이나 바람 등으로 인해 발생하는 인장력 등에는 취약하기 때문에 현대에 와서는 일정 규모 이하의 소규모 건축물에만 활용하도록 제한받고 있다.

무엇보다도 차별적인 조적재의 특징은 작고 적당한 압축능력이 있는 개체를 결합시켜 일정 구조체를 만들어낸다는 것이다. 접합재로 쓰이는 모르타르는 습식재료로서 시공상 건조로 인해 시간을 소비하는 원인이 되고 건조수축의 문제도 야기한다. 또한 구조거동이나 내수성 등 일체성 확보가 되지 않는 특성으로 인해 여러 부분에서 사소한 문제가 있는 것도 사실이다. 그러나 조적구법은 이러한 개체결합 특성 때문에 대개 인력으로 가능하고 특별한 기술이나 설비 없이 인근의 간단한 재료로 다양한 형태를 만들어 낼 수 있게 되는 것이다. 경우에 따라서는 이 같은 구법이 인간적이고 친환경적으로 받아들여지기도 하고 조적으로 인한 독특한 형태가 장식적인 기능을 발휘하기도 한다. 분명한 것은 고대로부터 사용되었지만, 건축물이 요구하는 기능에 따라 아직도 적절한 위치에서 충분히 활용될 만한 가치를 가지고 있는 건축재료라는 것이다.

벽돌의 강도 및 성질

종 별	흡수율	압축강도(MPa)	단위체적 중량(kgf/m³)	구워진 정도
특급 벽돌	17% 이하	20 이상		
1급 벽돌	20% 이하	15 이상	1900	양호
2급 벽돌	23% 이하	10 이상		보통

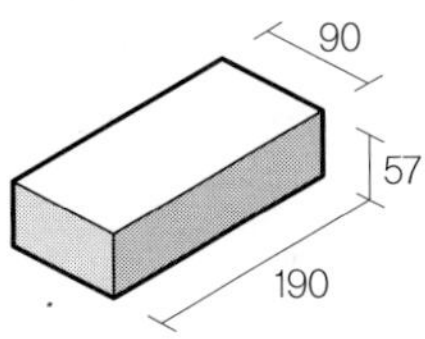

벽돌의 형상

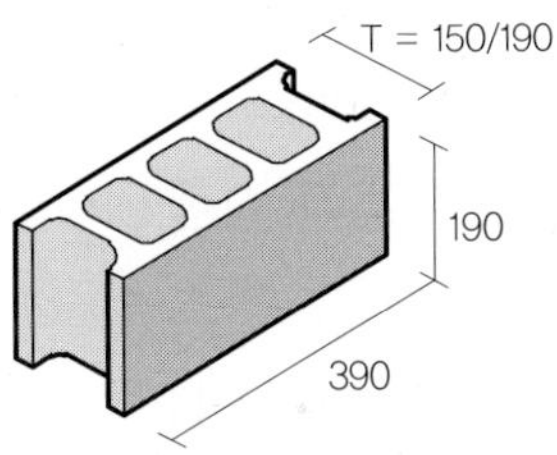

블록의 형상

블록의 강도 및 성질

등 급	압축강도(MPa)	흡수량(g/㎤)	투수성(㎝)	단위체적 중량(kgf/m³)
1급 블록	8 이상	0.20 이하	10 이하	t = 150 : 261
2급 블록	6 이상	0.35 이하	10 이하	
3급 블록	4 이상	0.45 이하	10 이하	t = 190 : 347

목 재
Timber

나무 역시 돌에 못지않게 인류가 매우 초기부터 사용한 구조재료이다. 자연에서 쉽게 얻어질 수 있는 재료로 지역에 따라 셀 수 없는 다양한 구법으로 구조체를 형성하여 왔다.

목재는 돌과 달리 압축강도와 인장강도를 모두 가지고 있기 때문에 그 활용도가 대단히 넓었다. 평평한 바닥이나 다리를 만드는 데도 쓰였고 나무를 이용하면 아치나 볼트가 아닌 지붕을 쉽게 만들 수 있었다. 더욱이 목재는 매우 가벼운 재료이다. 목재의 섬유세포가 강도를 가지게 해주므로 가벼운 자중으로 큰 강도를 낼 수 있고 가공 또한 쉽게 할 수 있다.

목재가 섬유세포로 구성되었기 때문에 발생하는 또 다른 특징은 나뭇결에 평행한 방향과 그 직각인 방향으로 강도 차이가 있다는 것이다. 나뭇결에 평행한 방향으로 힘이 작용하는 경우에는 상당한 강도를 가지는 반면, 그 직각방향으로 힘이 작용하면 섬유질이 쉽게 파괴되거나 밀려나게 되므로 강도가 현저히 떨어진다. 이같은 특성 때문에 목구조에서는 전단강도가 취약하고 여러 접합부에서 강도가 부족해지는 경향이 있다. 그리고 불에 타는 성질을 가지고 있고 습기나 곤충에 의해 부식되는 성질을 가지고 있기 때문에 다른 재료들보다 내구성이 다소 부족한 것이 한계라고 할 수 있다.

구조재로 활용되는 목재는 크게 제재목과 가공목재로 나누어 볼 수 있다. 제재목은 자연에서 채취한 목재를 일정 크기로 절단하고 다듬어 사용하는 구조재를 말한다. 우리에게는 전통 목구조구법에서 보아온 목재부재들이 친근한데 이와 같이 나무 그대로를 제재하여 사용하는 목조구법이 과거로부터 일반적인 재료 활용방식이었다고 할 수 있다. 그러나 제재목은 원래의 나무 크기에 따라 부재크기가 제한되고 수종에 따른 목재 고유의 물리적

목재의 강도 사이의 관계

강도의 종류	섬유에 평행	섬유에 직각
압축강도	100	10~20
인장강도	약 200	6~20
휨강도	약 150	10~20
전단강도	침엽수 16, 광엽수 19	

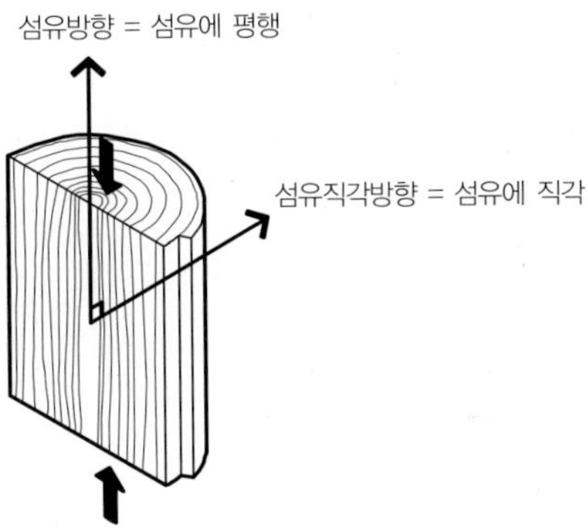

침엽수의 허용응력 및 단위체적 중량(1등급 기준)

	휨(MPa)	인장(MPa)	압축(MPa)	단위체적 중량(kgf/㎥)
낙엽송류	8.0	5.5	9.0	550 이상
소나무류	7.5	5.0	7.5	500~550 미만
잣나무류	6.0	5.0	7.0	450~500 미만
삼나무류	5.0	4.0	6.0	400~450 미만

성질에 크게 영향을 받는다.

가공기술이 발달하면서 작은 목재를 접착제로 조합하여 보다 강하게 물리적 성질을 개선한 것이 가공목재들이다. 그 대표적인 예가 합성판이나 집성목 같은 것이다. 집성목재는 제재목보다 고강도를 가지는 것이 가능하고 건조로 인한 뒤틀림이나 변형을 제어할 수 있으며 제재목보다 단면이 큰 부재를 얻는 것이 용이하다. 목재에 있는 옹이와 같은 결함을 제거하고 보강하는 것도 가능하게 된다. 이러한 특성 때문에 집성목은 자주 철강재를 대신하여 대공간에 사용되기도 하고 아치나 자유로운 형태의 긴 부재로 연출되기도 한다.

목재는 우리 전통건축의 방식처럼 교묘하게 맞춰지거나 못이나 볼트 같은 철물을 이용하여 접합된다. 집성재를 이용하는 높은 강도의 구조체에서는 철골구조의 접합에서 볼 수 있는 강력한 접합이 적용되는 것도 볼 수 있다. 그렇지만 어떤 방식이든 목재에서 다른 부재를 완벽하게 일체화시키는 것은 어렵다고 할 수 있다. 따라서 목구조는 기본적으로 짜맞추어 지었다는 의미의 '가구식 구조'로 분류되고, 골조가 수평방향으로 움직이는 안정성 확보방식에 대한 고려를 특별히 요구하는 경우가 대부분이다. 하지만 일체화되지 않는다는 특성은 다른 측면에서는 재사용과 이동이 가능하다는 의미이므로 최근에는 이러한 부분의 기능이 주목받고 있다.

목재는 인간에게 더할 수 없이 친근한 구조재료이고 그 어떤 재료보다도 시공하기 편리하기 때문에 오랜 세월 사용되어져 왔다. 더욱이 현대에는 가공목재의 발달로 인해 친화적이면서도 더욱 강력한 구조능력을 가진 구조재료로 인식되고 있다. 소규모의 건축물에서부터 대형 구조체에 이르기까지 목재의 활용가능성은 점차 넓어지고 있다고 생각된다.

3

김해_ 대성동 고분 전시관

4

일본 구마모토_ 아트폴리스

집성목재 디자인 사례

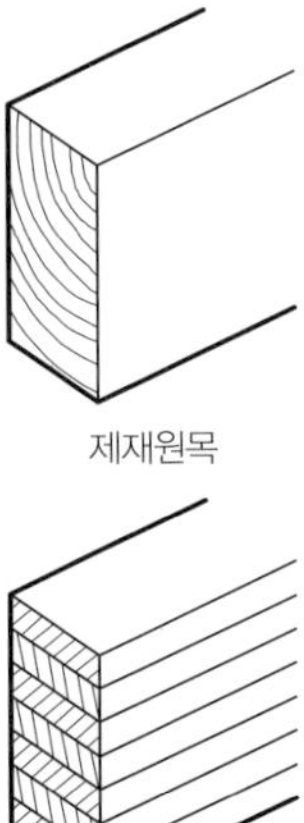

제재원목

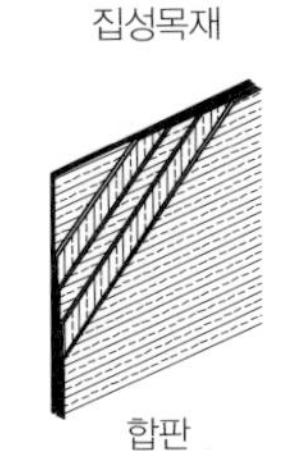

집성목재

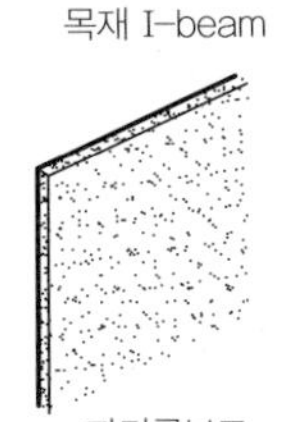

목재 I-beam

합판

파티클보드

목재의 종류

강 재
Steel

강재를 구조재료로 사용하게 되었다는 것은 건축의 역사에서 대단히 의미가 있는 일이다. 철은 기본적으로 자연에서 얻어지는 재료이지만 이것을 구조부재로서 대량 사용하기 위해서는 상당한 난이도를 가진 제강기술이 필요했고, 덕분에 우리는 이전의 재료보다 엄청나게 강해진 재료를 갖게 되었기 때문이다. 철을 사용하게 된 것이 산업혁명으로 인한 19세기의 일이다. 철재는 그 이전에 주로 사용되었던 석재에는 없던 인장강도를 가지고 있는 재료였다. 그 후 제강기술이 발전을 거듭해 압축과 인장 두 가지 힘의 저항이 가능한 고강도 강재의 출현으로 건축물에 대단한 변화가 찾아왔을 것을 짐작하는 일은 어렵지 않을 것이다.

강재는 높은 강도를 가진 만큼 높은 중량을 가지고 있다.(단위체적 중량 7,850kgf/㎥) 그러나 구조체에 적용시켜 보면 다른 재료들에 비해 월등히 높은 강도를 가지고 있기 때문에 필요한 강도를 내는데 사용되는 재료의 양이 워낙 적다. 이로 인해 철골구조는 경량구조에 속한다고도 본다. 이것은 힘이 필요한 만큼 적절하고 효과적인 부분에 철을 사용한다라는 전제가 있을 때에만 적용되는 이야기이다. 다시 말하면 힘을 저항하는데 필요한 부분 외에 여유분까지 뭉쳐놓은 부재를 만드는 것은 강재에게 매우 불리한 일이 된다는 것이다. 그래서 강재를 이용해서 부재를 만들 때에는 힘을 저항하는데 반드시 필요한 부분에만 재료를 써서 만든다. 현장에서 사용되고 있는 철골부재들이 특이한 모양을 하고 있는 것에는 이러한 배경이 있다. 그 형상의 원리는 6장에서 자세히 이야기하기로 한다.

현재 사용하고 있는 철제 구조부재는 중대형의 철골구조를 만들 때 사용하는 중량부재와 소형이나 간이식 철골구조를 만들 때 사용하는 경량부

강재의 강도

강재종별 기호	항복강도(MPa, N/mm²) F_y				극한강도(MPa, N/mm²) F_u	
	강재의 두께(mm)				강재의 두께(mm)	
	16 이하	16 초과 40 이하	40 초과 75 이하	75 초과 100 이하	75 이하	75 초과 100 이하
SS275	275	265	245		410	
SM275 SMA275	275	265	255	245	410	
SM355 SMA355	355	345	335	325	490	
SM420	420	410	400	390	520	
SM460	460	450	430	420	570	
SN275	275		255		410	
SN355	355		335		490	
SHN275	275			–	410	–
SHN355	355			–	490	–

재로 크게 나누어진다. 만드는 방법에 따라 전자인 중량부재는 열간압연형강이라 불리고 후자의 경량부재는 냉간성형강이라 불린다.

열간압연형강은 높은 고온상태의 철 덩어리를 압연기에 넣어 적절한 형상으로 만든 것이다. H형이나 C형, T형 등 다양한 형태가 있는데 형강의 두께가 5~30㎜ 정도로 꽤 두껍고 무게가 무겁다. 반면에 냉간성형강은 말 그대로 얇은 철판을 열을 가하지 않은 상태에서 접거나 구부려서 형상을 만들어낸 부재를 말한다. 상온에서 구부러져야 하는 정도이니 당연히 철판은 약 1.6~6㎜ 범위의 매우 얇은 것이 사용된다. 열간압연강과 비교했을 때 상당히 경량부재이고 주 골조에 덧붙이는 마감재나 소형의 간이식 구조에서 주로 사용된다.

강재는 부재제작에 많은 설비가 필요하고 기술이 동원되기 때문에 설계자가 임의로 부재를 결정하기보다는 주로 기성부재를 활용한다. 그렇지만 적지 않은 경우 특별한 형상이나 사이즈로 철골부재를 제작하여 사용하기도 한다. 평판을 용접하여 형강을 만드는 경우도 있고 형강에 덧붙여 형상을 바꾸거나 보강하기도 한다. 그보다 적극적인 방법으로 매우 독특한 형상을 가진 부재나 접합부를 제작하기 위해 그 부재만을 위한 거푸집을 만들고 철물을 부어넣어 만들어내는 주물(casting)방식도 활용된다. 이것의 대표적인 예로 유명한 퐁피두센터의 겔버레트(gerberettes)가 있다. 리스트에 나와 있는 기성제품을 사용하는 것보다는 비교할 수 없이 비효율적이고 경제적으로 불리하지만, 최근에 디자인성을 가진 철골 건축물에서 이러한 주물부재를 발견하는 일은 그렇게 어려운 일이 아니다.

이와 다르게 강재에서 주목할만한 새로운 재료의 활용방식은 재료를 가늘고 가볍게 사용하는 것이다. 강재는 압축뿐만 아니라 상당한 인장강도를 가지고 있다고 했는데, 그 인장능력만을 발휘하는 유연한 부재들이 있다. 그것이 흔히 보게 되는 강봉, 와이어, 케이블 등이다. 이들 선형부재들은 인

강재 부재종류와 형상

열간압연형강		
명 칭	형 상	표시방법
등변형강 (앵글)	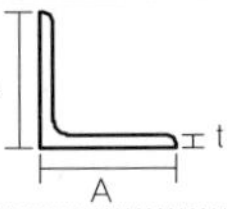	L-A×A×t
I 형강	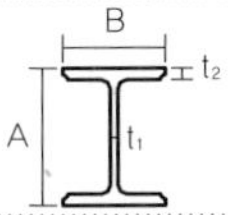	I-A×B×t_1×t_2
ㄷ형강	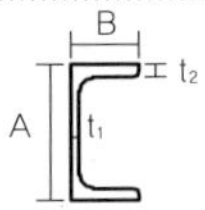	ㄷ-A×B×t_1×t_2
T형강	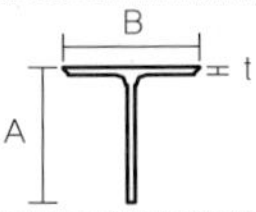	T-A×B×t
H형강	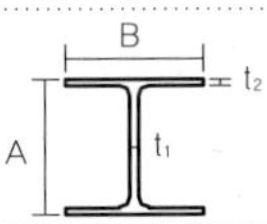	H-A×B×t_1×t_2
봉강		ød
원형강관		øA×t
강판 (플레이트)		PL-A×t
각형강관	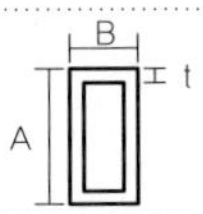	□-A×B×t

냉간성형경량형강		
명 칭	형 상	표시방법
경량 ㄷ형강	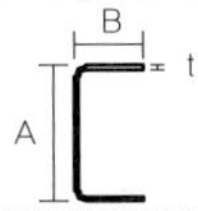	ㄷ-A×B×t
경량 Z형강	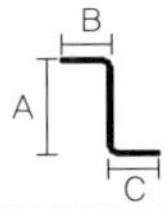	Z-A×B×C×t
경량 앵글	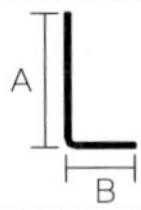	L-A×B×t
C 형강		C-A×B×C×t

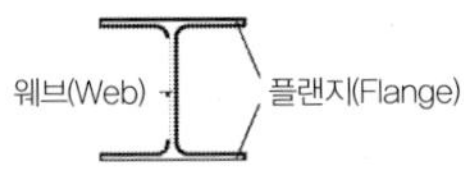

스트랜드(strand)

와이어 로프(wire rope)

장력을 받으면 저항할 수 있지만, 압축력에는 저항하지 못하고 하중에 따라 쉽게 변형되는 성질을 가지기 때문에 비강성부재 혹은 연성부재라고 불린다. 그렇지만 와이어나 케이블들은 작은 체적으로 상당한 인장강도를 낼 수 있기 때문에 자중에 비해 많은 저항을 할 수 있다. 또한 유연한 성질 때문에 운반과 보관이 편리하다는 장점을 가지고 있다.

그래서 장스팬의 현수교나 대공간 구조에서 이들 연성부재를 이용하는 인장구조를 종종 만날 수 있다. 최근에는 인장력을 이용하는 구조시스템이 다수 활용되면서 점차 활용의 폭이 넓어지고 있는 부재 타입이라고 할 수 있다. 특히 이렇게 철골에서는 부재의 강성을 변화시키는 것이 가능하기 때문에 이를 선택적으로 활용해 구조시스템의 구성을 다채롭게 하는 일도 가능하다. 즉, 압축이나 휨부재에는 강성 확보가 필수적이지만 인장부재에서는 강성과 연성부재를 선택해서 사용할 수 있다. 인장만 발생하는 부재를 찾아서 부재의 강성을 변화시킨다면 이제까지의 구조시스템과 다른 다양한 표현이 가능하기도 하고, 자중을 감소시키거나 접이식 구조를 만드는 등 새로운 기능을 구조체에 부여할 수도 있다.

단점으로는 내화적이지 못하고 부식하기 쉬운 것이 큰 문제점이다. 이를 극복하기 위하여 콘크리트 등의 다른 재료들과 복합적으로 사용되기도 한다. 그리고 각 철골부재의 접합은 볼트나 용접 등으로 이루어진다. 사전에 정교하게 재단하고 접합위치를 예측하여 가공하는 어려움이 있지만, 부재를 일체화시키는 접합과 일부의 힘만을 전달하게 하는 접합을 선택하여 사용할 수 있다. 어떠한 방식이든 조합하여 사용할 수 있다는 특성 때문에 목조와 같이 재사용이 가능한 구조로 인식되고 있다.

주물접합부 겔버레트

5

프랑스 파리_ 퐁피두 센터 트러스구조와 주물접합부

6

일본 치바_ 마쿠하리 메세 트러스구조와 주물접합부

7

일본 동경_ 동경실내체육관 케이블을 이용한 구조

콘크리트
Concrete

콘크리트는 시멘트와 물, 그리고 모래와 자갈을 섞어서 인공적으로 단단하게 만든 건축재료이다. 처음에는 물과 함께 반죽상태로 버무려져 있던 원료들이 자갈과 모래 사이로 접착제와 같은 시멘트가 굳어지면서 압축에 강한 재료가 된다. 인공적으로 만들어내는 재료이다 보니 당연히 원료의 강도와 첨가 정도에 따라 강도를 조절하여 만들어낼 수가 있다. 그러나 본래 콘크리트는 압축강도를 주로 발휘하고 인장에는 매우 약하다. 돌이나 벽돌과 같은 조적재와 성질이 유사한 셈이다.

그래서 로마시대부터 개발된 콘크리트는 초기에는 조적재에서 돌과 돌 사이를 접합시키는데 사용되거나 압축응력으로 주로 저항하는 기둥이나 볼트(vault) 등에 쓰였다. 인장에 대한 저항이 부족하기 때문에 적극적으로 사용되지 못하였던 것이다. 19세기에 들어 부족한 인장을 보강할 수 있는 방법을 찾아냈는데 그것이 철근콘크리트(보강콘크리트, reinforced concrete)이다. 철은 언급한 바와 같이 인장에 대한 저항능력을 가지고 있는 재료이다. 콘크리트로 만든 부재에서 인장이 필요한 부위에만 인장능력이 있는 철을 보강해주면 된다는 개념에서 출발한 인공적인 구조재료가 철근콘크리트이다.

철을 단독으로 사용하고자 한다면 철근과 같이 가는 부재로는 쉽게 휘어지고 녹슬게 된다. 또한 불에도 약하다. 이것을 콘크리트로 둘러싸게 되면 쉽게 압축강성도 얻게 되고 내화성이나 부식에도 이겨낼 수 있게 된다. 거기다 철근과 콘크리트는 함께 있을 때 화학작용도 일으키지 않고 부착성능도 우수하여 쉽게 분리되지도 않는다. 철근과 콘크리트는 매우 합리적이고 효과적인 발명품이었다. 발명된 이후 현재까지도 지속적이고 광범위한 사용이 그 우수성을 증명해준다.

8

대전_ 배재대 예술관 노출콘크리트 외벽

9

로마_ 콜로세움 콘크리트 사용

콘크리트의 강도 및 단위체적 중량

압축강도(MPa)	인장강도	단위체적 중량(kgf/㎥)
24~40	압축강도의 1/10~1/13	2,300

콘크리트의 또다른 좋은 점은 이렇게 강도를 갖는 재료가 유동적인 반죽에서부터 시작된다는 것이다. 굳히기 전에 무엇이든 첨가하기가 용이하고 굳어진 후 일체가 되게 할 수 있다. 형태도 원하는 모양대로 자유롭게 만들어낼 수 있다. 이로 인해 철근이나 여러 보강재를 삽입하는 콘크리트의 개발이 가능하였고, 기둥과 보의 연결이나 보와 슬래브의 연결과 같은 부재 간의 일체성 또한 손쉽게 얻어낼 수 있다. 그리고 어떠한 형태이든 거푸집만 만들 수 있다면 부어넣어 굳히면 되므로, 매우 조형적인 형태를 가지는 건축물에서 콘크리트는 대단한 능력을 발휘할 수 있다.

다만, 이로 인해 굳히는데 시간이 걸린다는 단점이 따라오게 된다. 반죽 상태였던 재료가 건조되어 굳어지면서 발생하는 여러 건조수축 문제나 품질관리 등의 문제 또한 뒤따른다. 그리고 자갈과 모래, 철근, 시멘트로 만들어지는 부재는 자기 자신의 무게 또한 상당하다는 단점이 있다.

따라서 최근에는 이러한 콘크리트의 문제를 해결하기 위한 방법을 찾아 다양한 콘크리트가 개발되고 있다. 무게를 줄이기 위해 경량 골재를 사용하는 경량 콘크리트, 현장에서 굳히는 시간을 줄이기 위해 공장에서 사전 제작하여 현장에서 조립하는 P.C. 콘크리트(pre-cast concrete) 등이 그 예이다.

굳히기 전에 첨가하는 보강재에 적극적인 아이디어를 발휘하여, 미리 인장력을 가한 철강재를 삽입하여 굳히는 프리스트레스트 콘크리트(pre-stressed concrete)라는 것도 있다. 일반 철근콘크리트보다 강한 부재를 만드는 것이 가능하므로 긴 다리나 넓은 공간을 만드는데 활용된다(그림 참조). 콘크리트는 비교적 값이 저렴하면서도 손쉬운 성형성과 일체성을 가진 효과적인 구조재료이다. 그러나 이 일체성은 재사용이 어렵다는 뜻이기도 하다. 환경적인 측면에서 해체 및 재사용 단계를 고려하여 적절한 용도의 구조체에서 사용되어야 할 것이다. 뿐만 아니라 콘크리트는 기초나 바닥판

먼저 강선을 걸고 당긴다.

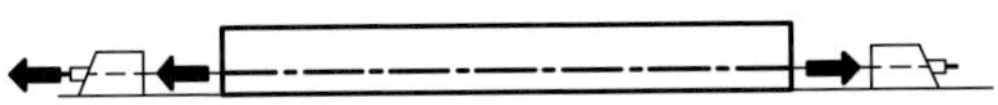

당겨진 강선과 함께 콘크리트를 타설한다.

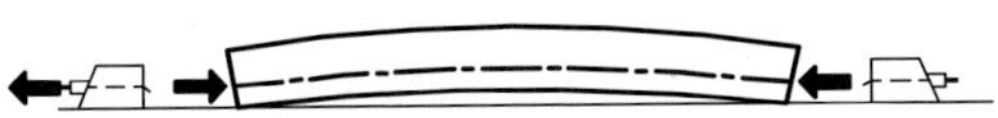

콘크리트가 굳은 후 당겨진 힘을 놓는다.
당겨졌던 힘이 콘크리트로 돌아가 콘크리트가 압축된다.
위로 솟아오르는 변형을 보인다.

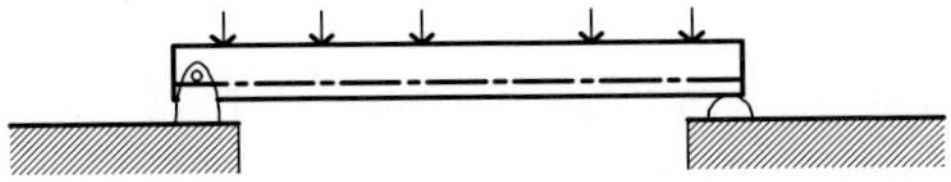

구조부재가 되어 힘을 받을 때 수평형태로 돌아온다.

프리스트레스트 콘크리트의 원리 – 프리텐션 공법

처럼 건축물에서 필수적으로 요구되는 부분이 있는 매우 불가결한 재료이기도 하다. 경량화는 물론 여러 분야에서 성능개선과 시공성에 대한 연구가 이어지고 있어 지속적으로 진화하는 재료라고 하겠다.

새로운 재료
New Materials

어느 물질이나 힘을 낼 수 있다면 구조재료가 될 수 있다. 건축구조에 사용될 만큼 강한 강도를 가지고 있으면서, 오랜 시간 신뢰할 수 있는 역학적 성질을 보여줄 수 있다면 건축물에 새로운 활력을 불어넣는 건축재료가 될 것이다. 특히 인장과 압축 모두에 있어 적정 강도를 가지고 있다면 더욱 활용도 높은 재료가 될 것이다. 이러한 관점에서 개발되고 활용도를 높여가고 있는 여러 가지 새로운 재료들이 있다.

그 중 막재(membrane)는 유리섬유에 코팅재를 도포한 것으로 압축강도는 가지고 있지 못하지만 상당한 인장강도를 가지고 있는 유연한 재료이다. 강도에 비해 대단히 가볍고 운반이 용이하며 자유로운 형태구성 효과를 가지고 있다. 적당한 투과성을 가지고 있으며 음환경이나 열환경 측면에서도 우수한 특성을 가지고 있다. 이로 인해 최근에는 대공간 건축물의 지붕구조재로 사용되거나 건축물의 일부 지붕 혹은, 외부공간의 덮개로 사용되는 것을 자주 볼 수 있다.

기술의 발달로 인해 이전에는 구조재료라고 생각되지 않았던 재료들을 보게 되기도 한다. 구조재로 사용되는 유리라든가, 와이어나 케이블을 대신하는 플라스틱 계열의 인장재(fiber reinforced plastic rod), 강재를 대신하여 종이로 만들어진 구조부재 등도 나타난다. 무엇이든 일정 범위의 신뢰도를 가지고 인장력과 압축력에 대한 저항을 확보하는 문제가 해결되면 구조

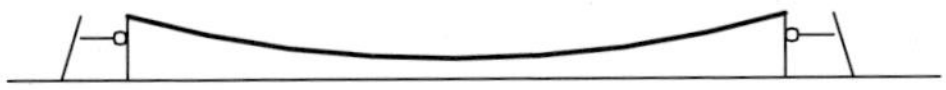

당기지 않은 강선을 배치한다.
강선이 콘크리트와 일체되지 않도록 튜브 안에 배치한다.

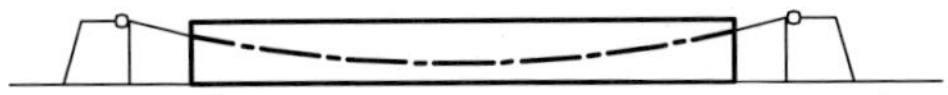

당겨지지 않은 강선과 함께 콘크리트를 타설한다.

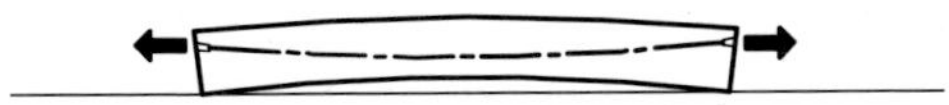

콘크리트가 굳은 후 강선을 당기고 그라우팅하여
콘크리트와 일치시킨다. 당겼던 힘을 놓으면
콘크리트가 압축되고 위로 솟아오르는 변형을 보인다.

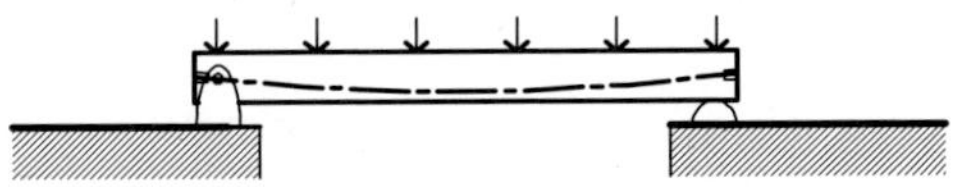

구조부재가 되어 힘을 받을 때 수평형태로 돌아온다.

프리스트레스트 콘크리트의 원리 – 포스텐션공법

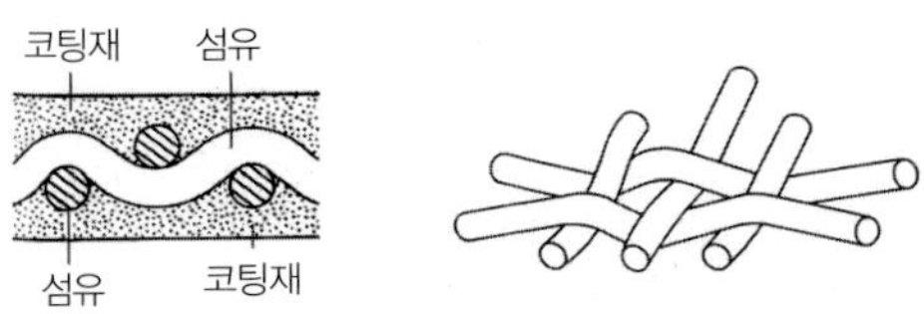

막재의 구성

재료로 사용될 수 있고 그 활용범위는 늘어날 것이다.

뿐만 아니라 하나의 구조시스템 안에서 한 가지 재료만을 고집할 필요도 없을 것이다. 합성재료, 복합재료, 혹은 하이브리드 구조, 명칭이 무엇이든 다양한 재료의 혼합으로 구조능력 증가나 의장적 효과를 얻어내는 방법도 가능할 것이다. 예를 들어 하나의 부재 안에서 철골과 콘크리트가 함께 쓰이거나 목재와 철골보강재가 함께 사용되어서 하나의 부재로 동시에 거동하게 할 수 있다(합성단면, composit section). 또 보는 목재로 하면서 기둥은 콘크리트로 할 수도 있고, 하나의 지붕에서 인장재는 강재인 케이블로 하고 압축부분은 목재가 맡게 한다든지 하는 식의 복합구성도 가능할 것이다. 다른 재료의 부재를 조합하여 구조적 기능을 높일 뿐만 아니라 보다 풍부한 표현을 의도하는 예를 많이 보게 된다.

건축구조 재료는 가벼우면서도 뛰어난 하중저항능력을 가지는 재료, 그리고 건설 자체를 편리하게 하며 건축적 표현을 풍부하게 하는 새로운 재료로 발전을 거듭하고 있다. 그러나 이에 못지않게 기존 재료에 보다 폭넓은 다양한 활용성을 부여하는 것도 중요하다. 구조재료를 상투적인 활용방법으로 받아들이기보다는, 그 재료적 특성을 면밀히 이해하여 창의적으로 조합하고 활용해내는 데 관심이 모아지기를 기대한다.

좀 더 읽어보기

- A. J. Macdonald 저, 유우상 · 이수권 · 최상민 역, “건축의 구조와 디자인”, 시공문화사, 2003.
- 사이토 마사오 저, 박찬수 · 박선우 · 이주나 역, “건축 공간 구조이야기”, 기문당, 2005.
- D. Seward 저, 강주원외 4인 공역, “구조의 이해”, 기문당, 2002.
- 정상진 외 8인 저, “건축일반구조학”, 기문당, 2003.
- 정상진 외 10인 저, “건축재료학”, 보성각, 1995.
- F. D. K. Ching 외 2인 저, “Building Structures Illustrated”, John Willy & Sons, 2009.

10

막을 이용한 쾰른 댄스파빌리온

11

종이를 이용한 볼트

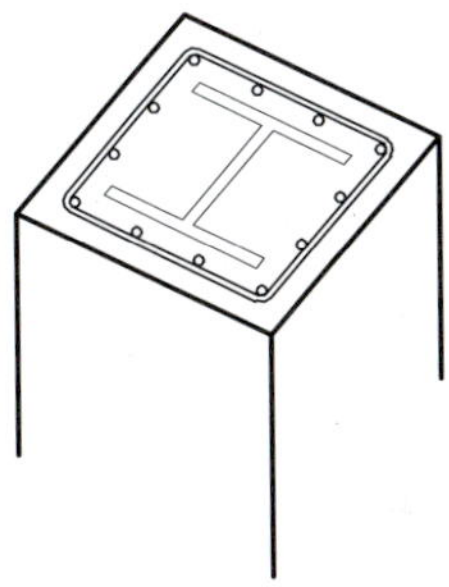

철골철근콘크리트 합성단면의 예

Chapter 4

지금까지의 건축구조

History of Structure

1 고창읍 도산리_ 고인돌

2 영국_ 스톤헨지

B.C.3000
스톤헨지(~B.C. 1100)
조세르왕 계단식 피라미드
다슈르 굴절 피라미드
B.C.2500

인간은 어찌된 일인지 건설본능을 지니고 있다. 생활을 위해 필수적인 주거환경을 만들어내는 것을 넘어서, 자신들이 열망하는 신앙과 상징의 세계를 위해 한계를 뛰어넘는 시도를 끊임없이 이어오고 있다. 이 과정에서 모든 건설자들은 물질을 이용하여 '힘'과 싸워야 했다. 이것은 오늘에도 이어지는 건축인들의 숙제로 건축과정에서 새로운 일이 아닌 것이다. 그렇다면 과거로부터 우리가 힘을 취급하는 방법은 어떤 것이었을까. 우리는 어떻게 힘과 싸워가며 유구한 세월동안 건설의 역사를 이어온 것일까.

건설이라고 할 만한 고대의 구축작업을 이야기하라면 고인돌에서부터 시작해야 할 듯하다. 고인돌은 장례와 사후의 의식에 관계된 것으로 그 상징하는 의미를 영구적으로 남기고 싶어하는 열망에서 시작되었을 것이다. 이를 위하여 무거운 돌을 이용하여 어려운 건설을 결정한 것은 아니었을까. 구법은 매우 단순해, 커다란 돌을 공간을 두고 짧은 돌 위에 올려놓은 것. 그렇지만 당시의 기술로는 인력으로 감당하기 어려운 돌을 운반하고 올려놓은 것이 대단한 집념의 도전이었으리라 본다.

3 이집트_ 조세르왕 계단식 피라미드

4 다슈르_ 굴절 피라미드

기자_ 피라미드 5

6 잉카_ 조적벽

B.C.2500 기자의 피라미드 우르의 지구라트 B.C.2000

유명한 스톤헨지도 건립배경과 배열, 형태에 관한 여러 설이 있고, 그 의미는 아직 정확히 파악되지 않았지만 종교적 혹은 상징적 의미에서 건립된 거대 구조물로, 구법은 고인돌을 만들던 방법에서 세련되어지고 더 거창해진 것이라는 것을 알 수 있다.

또한 돌은 다량으로 쌓여져서 거대한 구조물이 되기도 하였다. 영구적이면서도 강한 돌을 이용한 조적식 구법은 다수의 지역에서 쉽게 볼 수 있다. 동서양을 막론하고 비교적 단순한 이 조적식 수법으로 여러 성곽을 지었고 두껍고 견고한 벽체를 건설하였다. 대표적인 고대의 유물로는 지구라트나 유명한 피라미드들이 남아있고, 만리장성과 같은 길고 거대한 성곽들도 있다. 마추픽추의 유적에는 독특한 형태로 정교하게 쌓아 여러 겹의 도시를 건설해낸 놀라운 유적이 남아있기도 하다.

고인돌과 스톤헨지로부터 그 구법을 이어받아 돌을 이용해 보다 세련되게 공간을 만들어낼 수 있는 구법도 고안되었다. 돌로 기둥(post)을 만들고 그 위에 돌로 만든 보(인방, lintel)를 얹어 아래에 빈 공간을 만들어내는 방

7 이집트 카르낙_ 암몬 대신전

카르낙 암몬 대신전(~B.C.663)

B.C.2000 B.C.1500

식이다. 가구식 구법(post and lintel)이라고 불리는 이 구법은 돌보다는 가공이 쉬운 목구조로부터 돌로 옮겨온 방식일 것으로 생각이 되며, 목재를 주로 사용한 동양에서는 고대로부터 집중적으로 사용되었던 구법이라 소개할 수 있다.

고대 이집트 건축과 그리스 건축에서 보여지는 가구식 돌구조는 넓다고 해도 5~6m 정도의 간격으로 기둥이 촘촘히 배열되어 있고, 그 위에 보가 가로로 놓여져 말 그대로 열주공간을 형성하고 있다. 공간의 활용을 고려해 기둥의 간격을 넓혀보고자 하더라도 쉽지 않았을 것이다. 왜냐하면 기둥 사이를 건너가는 인방부재에는 휨응력이 발생하게 되어있고 휨응력에는 돌에 부족한 인장능력이 요구된다. 부재의 휨능력을 조금이라도 키우기 위해서는 부재 깊이를 증가시키는 방법을 생각할 수 있겠지만, 단일부재로 된 거대한 돌덩어리를 가공해내기도 쉽지 않았을 뿐만 아니라 그 무게 또한 대단하게 되어 효과적이지 못하였을 것이다. 고대의 건축가들은 인방에서 발생하는 인장응력을 잘 알고 있었던 듯하다. 돌로 된 보의 중앙부분에 철제 바

8 그리스_ 파르테논 신전

9 이오닉 스타일의 주두

하트셉수트여왕신전	룩소르신전	미케네 사자문 & 아트레우스의 보고
B.C.1500		B.C.1000

를 삽입하여 보강한 것이 발견되기도 하였다.

석조건축에서 피할 수 없었던 열주는 고대 건축에서 하나의 양식(style)이 되었다. 외관에서 집중적으로 보여지는 기둥은 압축력을 받아내기 유리하도록 엔타시스형(배가 불룩한 형태)을 취하며 여러 모양으로 장식되었다. 특히 상부로부터 오는 하중을 기둥으로 유연하게 전달하기 위하여 기둥 위에 받침, 즉 주두를 마련한 것은 매우 기능적이고도 납득할만한 발상이라 여겨진다. 이 주두는 시대에 따라 도릭, 이오닉, 코린트식으로 발달하였다고 하는데 힘의 흐름을 반영하는 기능 위에 장식을 가미한 것일 것이다.

원시구법에서는 하나의 돌덩이로 만들어지던 기둥부재도 규모가 커짐에 따라 여러 개의 석재를 가공하여 맞춰 쌓아졌다. 이때 위에서부터 내려오는 압축력뿐만 아니라 바람이나 지진과 같이 옆으로 작용하는 수평하중에 대한 저항을 고려하여 연결부속을 사용하였던 것도 흥미롭다.

돌에 인장력을 요구하는 인방식 구조는 넓은 공간을 만드는데 여러 가지로 한계가 있었다. 그러나 아직도 영구적인 건축물을 만들 수 있는 재료

10 미케네_ 사자문

11 태국_ 아유타야 유적의 코벨아치

B.C.1000 B.C.500

는 압축력에 강한 돌 뿐… 인장력 없이 공간을 만들어낼 수는 없는 것일까. 이러한 열망에 대한 대답이 아마도 '아치'였을 것이다. 처음에는 간단히 쌓아올리던 돌을 양쪽에서 조금씩 내쌓아 공간을 만들었고 그것이 반원형의 형태를 띠면서 점차 공간을 넓게 가로지르는 아치가 되었을 것으로 짐작된다.

브래킷같이 내쌓기식의 구법은 고대에 동서양 어디에든 많이 보여지는데, 그 내쌓기식의 아치를 가진 유명한 서양유적이 B.C. 1400년경 번성한 미케네 문명에서 발견된 사자문이다. 문의 상부를 보면 돌을 양측에서 내쌓아 성벽에 개구부를 만들어 낸 것이 보인다. 그 삼각형의 빈 공간에 사자조각을 끼워넣어 유명한 사자문으로 불린다. 이것이 완벽한 아치는 아직 아니지만 압축응력으로 공간을 만들어낸 유사아치(false arch), 코벨 아치(corbel arch)라고 불리는 구법이다.

나머지 뒷부분이 전도되지 않도록 충분히 상부의 무게로 눌려 있으면 부재길이의 1/3을 내미는 방식으로, 돌만으로도 능히 넓은 스팬을 만들어낼

12 미케네_ 아트레우스의 보고

13 이탈리아 알베로벨로_ 트룰리

수 있게 된다. 코벨 아치 구법은 평면적인 활용에서 끝나지 않고 입체적으로 그 구상이 발전하여 원형의 넓은 공간을 만들어내게 되었다. 고대의 경이로운 대공간, 아트레우스 보고가 그 예이다. 돌을 이용한 조적구법으로 둥근 평면을 이루며 내쌓아 올라갔는데, 단면에서 보면 고깔과 같은 원추형을 띠고 있다. 돌의 특성인 압축력만을 이용하여 높이 13.5m, 직경 14.5m의 원형 대공간을 건설해낸 것이다. 이 같은 시도가 발전을 거듭해 이후 반구형의 거대한 돔으로 발전해 나갔을 것이라 여겨진다.

이제 돌을 이용하는 구조는 코벨 아치를 거쳐 아치로 발전한다. 고대 아치의 기원은 에트루리아인이라고도 하며, 그 이전에 소아시아지방에서 존재했다는 설도 있지만 기원이야 어찌되었든 아치의 기술이 로마로 흡수되면서 유럽 전역으로 파급되는 결과를 가져온다. 아치는 돌로 만들어내는 건축물의 공간규모를 획기적으로 확장하는 역할을 했다. 아치는 압축응력만을 이용하는 구조방식이고 압축은 돌에 적합한 힘이므로 기둥간의 사이를 대폭 확장할 수 있게 된 것이다.

14 프랑스 님_ 가르수도교

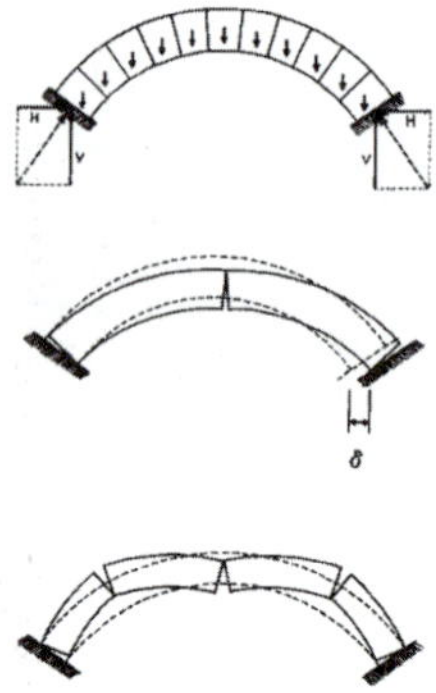

아치의 원리

0 — 콜로세움 — 판테온 — 디오클레티안욕장 — 바실리카 노바 — 500

넓어진 경간을 이용해 내구성이 뛰어난 석조 다리를 만드는 것도 가능해졌다. 그 위용을 지금도 프랑스 남부 님(Nîmes)에 있는 가르 수도교의 아치(BC 19)가 보여준다. 아래쪽 넓은 부분의 아치는 24.5m 스팬을 가지고 있으면서 상부 보행하중과 수로를 지탱하고 있다. 아무런 접착제를 사용하지 않았고 오로지 반원형에 가까운 형태로 돌을 짜맞추어 하중을 기둥 위로 옮겨놓고 있다. 돌로 만든 폭이 넓은 아치교는 멀리 있는 수원에서부터 물이 부족한 마을로 물을 실어 나른다고 하는 수도교의 발상을 만족시켰고, 덕분에 유럽 전역에는 로마가 건설한 수도교가 아직도 곳곳에 남아있다.

이러한 탁월한 하중전달 능력을 가지는 아치가 건축물의 개구부나 지붕 곳곳에 사용되었음은 당연한 일이다. 더욱이 연속되는 아치를 둥근 평면형으로 폐합시키면 바깥으로 밀쳐내며 아치의 형태를 무너뜨리려고 하는 추력이 상쇄되면서, 콜로세움(72-80)과 같은 거대한 원형경기장을 건설하는 것도 가능하게 된다. 지금은 외부벽이 소실된 후 완벽한 원형의 모습을 보여주지 못하고 있는데, 후에 덧붙여진 저 볼썽사나운 경사 버팀벽이 없다면

15 로마_ 콜로세움

500 1000

성 소피아성당

추력에 의해 아치들은 도미노처럼 붕괴되었을 것이다.

외부에서 아치가 연속적으로 보여지는 원형경기장의 안쪽은 원형의 복도가 겹겹이 둘러싸고 있고 그 위는 층층이 관람석이 놓여져 있다. 연속되어지는 복도를 따라 위의 관람인파와 구조체의 하중을 받고 있는 구조재 역시 돌이다. 아치의 형태를 띠고 있는 복도의 천장은 둥근 모양으로 연속되어진다. 아치의 원리가 면으로 확장된 볼트(vault)구조이다.

볼트는 공간을 만들어내기에 유용하므로 여러 용도의 건축물에 적용되면서 발달을 거듭해나간다. 원통형 볼트는 스팬이 넓어지면서 복도처럼 연속적인 공간뿐아니라 넓은 거주공간을 구성할 수도 있었다. 볼트는 상부에서 압축력이 면을 따라 아래로 전달되는 구조시스템으로 볼트 면을 따라 하부에 두터운 벽이 필요하다. 뿐만 아니라 아치와 동일하게 바깥으로 밀어내려 하는 추력이 발생하기 때문에 볼트 면을 따라가며 버팀벽이 필요하게 된다. 단순히 하부에 매우 두터운 벽을 설치하여 수직압축력과 추력을 동시에 감당할 수도 있겠지만, 공간구성이 복잡화되고 측면으로 확장되려고 하

16 로마_ 바실리카 노바

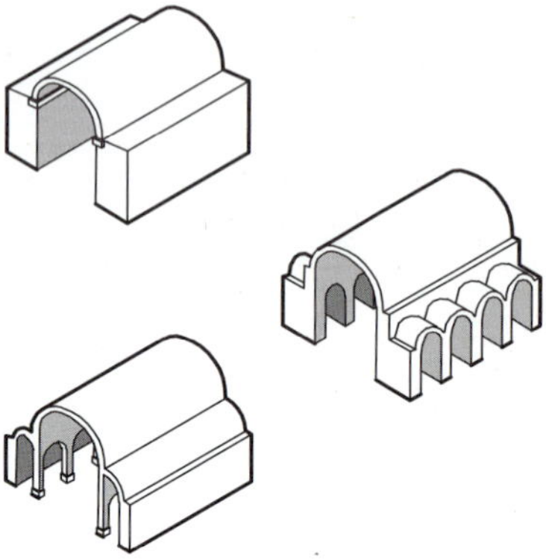

추력을 버티는 다양한 종류의 볼트 구성방식

는 요구가 생겨나면서 실제 버팀벽의 구성은 그림으로 표현한 것과 같이 복잡하게 발전되었다.

실제 로마에 남아있는 바실리카 노바(306-312)의 원통형 볼트 부분은 중앙에 큰 교차 볼트를 버티기 위해 양 옆에 구성된 보조볼트 중에 일부가 남아 있는 것이라 한다. 남아 있는 부분에서도 알 수 있듯이, 원통형 볼트는 사진과 같이 한 방향으로는 넓은 스팬을 비울 수 있지만 그 직교방향으로는 힘을 내려놓는 두꺼운 벽이 필요하다. 그 벽에 다시 아치를 마련해 작은 개구부를 내거나 아니면 그림과 같이 버팀벽 역할을 하는 작은 아치들을 덧붙여 공간을 연결하기도 하였다.

중앙의 홀이 점점 더 커지고 높아지게 되자 추력이 커지면서 외부버팀대가 더 커졌을 것이고, 그러자 그 버팀대에도 아치를 만들어 하부에 사용할 수 있는 공간(양측 회랑)을 만들어내는 아이디어가 생겨났을 것이다. 이러한 구성은 점차 교회의 전례기능과 접목되어 지금 우리가 보는 성당의 전형적인 평면형인 중앙 홀(nave)과 측면에 여러 개의 복도(aisle)를 갖는 형

17 로마_ 디오클레티안 욕장

태로 정착된 것으로 보인다.

중앙부 스팬이 넓어지고 측면에 복도가 생겨나긴 했지만 원통형의 볼트에서는 아직 개방된 공간을 길쭉한 한 방향으로밖에 얻을 수 없다. 교차되는 측면방향으로는 아직 하중을 지탱하는 버팀벽이 있을 수밖에 없는 것이다. 이 문제를 해결하고자 적극적으로 옆면을 개방하여 공간을 연결하고자 한 것이 교차볼트 구법이다. 두 방향 모두 볼트를 짜서 힘을 기둥으로 우회시키고 지붕면이 교차되게 한 입체 볼트이다. 이를 통해 공간은 비약적으로 개방되어갔다.

볼트는 로마의 욕장이나 바실리카 등 많은 건축물에 사용되었다. 디오클레티안 욕장(298-306)의 예는 지금까지도 건재한데 세 개의 교차볼트로 이루어진 공간은 최대스팬이 17m×11m이고 높이가 22.5m에 달한다. 물론 양측의 볼트로 인한 추력을 감당하기 위하여 이 공간 외측으로 육중한 벽들이 놓여있다. 교차볼트의 구법을 이용한 덕분에 양방향으로 공간확장이 가능해졌으며, 상부에 확보된 공간으로 햇빛을 받아들여 원통형 볼트보다 매

18 로마_ 판테온

우 개방적인 공간을 만들어내고 있다.

한편 아트레우스 보고에서 보여졌던 원형의 돔은 어떻게 되었을까. 코벨 아치에서 아치로 세련되어졌듯이 원추형의 내쌓기 돔은 아치를 360° 회전시킨 것과 같은 반구형의 돔으로 발전하기에 이른다. 그 정점에 있는 것이 바로 로마의 판테온(118-128)이다. 판테온은 원형의 평면형을 가진 원통형의 하부구조 위에 반구형의 돔이 얹어져 있는 형식이다.

하중을 압축력으로 전달시켜 하부의 원통형의 두터운 벽체로 내려놓는 것이다. 그렇기 때문에 평면형은 원형으로 되어 있고 돔으로부터 내려오는 하중을 원형의 벽이 그대로 받고 있다. 그래서 그 벽은 크고 작은 벽감을 가질 수는 있으나 시원하게 뚫어내어 다른 공간으로 연결되지는 못하며, 판테온 안에는 폐쇄적으로 극도의 중심성을 가진 하나의 공간이 존재하고 있다. 압축응력만으로 전달되는 입체구조시스템을 실현한 결과 판테온은 43.8m라는 가공할 만한 규모의 대공간 건축으로 기록된다. 이후 이 대공간의 기록은 아주 오랫동안 깨지지 않았다.

인장링 부분에 보이는 균열

그런데 아치와 볼트에서는 추력이라는 힘이 있어서 그것을 저항하기 위한 버팀벽 등이 필요했는데, 같은 원리의 아치를 360° 회전시킨 돔에서 그 추력이 어떻게 처리되었을지가 궁금하다. 추력은 돔이 되어도 여전히 존재하며 원형으로 만들었기 때문에 방사방향으로 뻗어나가려고 힘을 쓴다. 돔을 위에서 봤을 때 아래쪽의 원형평면이 확장되려고 하는 듯한 장력을 받게 되는 것이다. 현대의 재료로 만든 돔이라면 대개 원주를 따라 띠처럼 인장재를 추가해 효과적으로 저항하게 할 수 있다.

그러나 고대에는 인장재의 사용이 자유롭지 못했다. 판테온에서는 이와 같은 둘레방향의 인장력을 벽을 더 두텁게 하여 저항하려 하였으나 충분치는 못했던 것으로 보인다. 현재에도 끊임없이 균열이 발생하고 있으며 계속 보수되고 있다 한다.

이러한 돔의 거동을 보다 깊이 이해하고 보다 개방적인 공간을 만들어 낸 기념비적 작품이 터키의 성 소피아성당(532-537)이다. 이 성당의 지붕은 판테온으로부터 발전되어 온 커다란 돔을 4개의 거대한 아치 위에 올려

19 터키 이스탄불_ 성 소피아성당

놓은 모양을 하고 있다. 돔의 하중을 벽이 바로 받는 것이 아니라 먼저 큰 4개의 아치가 받기 때문에 아치를 통해 양측 기둥으로 돔의 하중을 우회시키고 그 아래에는 공간을 시원하게 비울 수 있게 하였다. 따라서 판테온의 폐쇄된 내부공간과 달리 소피아성당의 내부공간은 대단히 개방적이고 양방향으로 공간이 연결되고 확장되었다.

이렇게 새로운 공간을 만들어내게 된 배경에는 돔의 하중을 아치로 옮기겠다는 발상과 더불어 직교하는 아치 사이의 삼각형 공간에 '펜던티브'라는 곡면을 만들어 돔의 하중을 기둥으로 쏟아지게 하는 기술적 해결이 들어 있다고 하겠다. 아치와 펜던티브로 인해 돔의 하중은 각 코너에 있는 4개의 큰 기둥으로 바로 흘러간다.

소피아성당 돔의 발전양상은 이것뿐이 아니다. 판테온에서 균열을 계속 일으키며 골치 아프게 했던 돔의 하부 원주 부분은 소피아성당에서 아주 촘촘히 늘어선 창문에 의해 오히려 적극 개방되었다. 석조구법으로는 원주에서 발생하는 인장력을 극복할 수 없다는 것을 알고 있었던 것이 아닐까. 차

20 터키 이스탄불_ 성 소피아성당

라리 돔의 하부를 분리하는 창호를 설치하여 자연채광을 적극 끌어들이고, 돔은 사실 일체의 돔으로 거동하는 것이 아니라 개개의 아치를 방사형으로 배열한 것과 같은 원리를 취했다.

이렇게 했을 때 발생하는 문제는 방사형으로 배열된 각 아치들의 추력에 대한 저항이 개별적으로 확보되어야 한다는 것이다. 그래서 소피아성당을 외부에서 보면 중심 돔에 붙어 있는 반구형의 측면 돔들이 보이는 것을 알 수 있다. 이들은 돔을 구성하는 아치의 추력을 지지하는 역할을 하는 것이다. 이렇게 힘의 흐름을 다르게 결정했기 때문에 소피아성당은 하나의 원통형으로 보이던 판테온의 외관과 달리 여러 매스가 중첩된 외관을 가지고 있는 것이다. 소피아성당에서 보여진 돔의 기법은 스퀸치 등의 구조로 동방지역에서보다 복잡한 돔 양식으로 발전해갔다.

한편 로마교회의 바실리카 지붕을 덮는 구조로 활용되었던 볼트 혹은 교차볼트는 교회건축이 발달되어감에 따라 진화를 계속 하여갔다. 초기 로마네스크 시대에는 교차볼트에서 내려오는 하중도 완벽하게 기둥으로 옮기

21 파리_ 노트르담성당

지 못했고 버팀벽이 육중한 채 높아져 갔기 때문에 외벽은 넓게 개방되지 못해 비교적 어둡고 답답한 내부공간을 만들고 있었다.

그러나 교회건축은 점점 더 높은 건축물을 열망하면서 고딕시대에 이르러 석조구법을 절정에 이르게 하였다. 이제까지 구조를 발달시켜 왔던 개방적인 공간, 넓은 공간에 대한 의지에 더불어 높이 만들겠다고 하는 의지가 더해진 것이다. 보다 넓어진 스팬으로 추력도 증가하고 높이가 높아졌기 때문에 횡력의 영향이 커지게 되었을 것이다.

돌로 쌓아올린 구조체가 저항하기 어려운 이 힘들을 감당하는 방법은 무엇이었을까. 현재까지도 건재한 고딕성당들이 그 답을 잘 보여준다. 고딕의 아치는 첨두아치로 아치의 높이를 증가시켰다. 이것이 추력을 감소시키기 때문이다. 이전에 육중하게 존재하던 버팀벽의 높이를 보다 높이기 위해 필요한 부분만 남기고 속을 비워 가볍게 하는 방법을 고안하였다. 이것을 플라잉 버트레스(flying buttres)라고 부른다. 그뿐이 아니다. 버팀벽이 추력을 지지할 때에 그 버팀벽의 무게를 더 무겁게 하면 버티는 능력이 증가

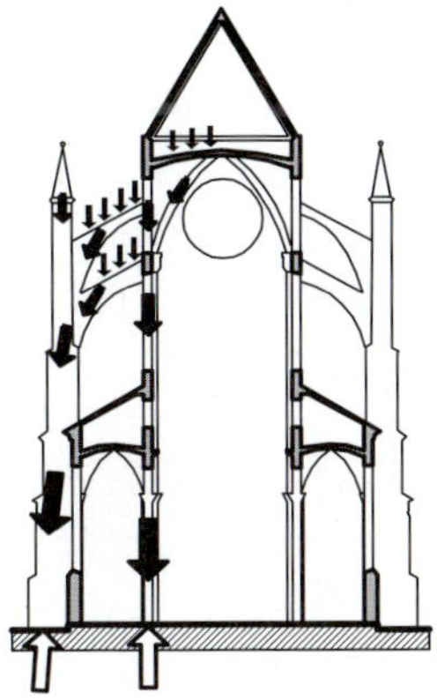

고딕성당의 힘의 흐름

1250 　　1500

산타마리아 델 피오레성당(~1446)

할 것이다. 버팀벽 위에 장식되어 올려져 있는 소첨탑들이 그 역할을 담당한다. 그야말로 고딕건축의 성당들은 힘과 싸우는 구조 그 자체이다.

르네상스 시대에 접어들어서는 동유럽과 서아시아에서 발전해오던 정방형이나 원형 평면의 지붕을 맡고 있던 돔구조와 서유럽에서 발달하던 장방형 평면의 지붕인 교차볼트가 만나서 거대하고 장중한 성당건축의 형식으로 자리잡은 예가 있다. 그것이 피렌체에 있는 산타 마리아 피오레성당이다.

이 성당은 15세기 르네상스 시대에 접어들어 브루넬레스키의 설계에 의해 완성되었는데 브루넬레스키가 고대 로마의 건조물, 특히 판테온을 비롯한 볼트 가구법을 철저하게 연구한 덕분에 '고딕의 구축법과 돔구조의 융합' 이라는 개념을 가지게 되었다고 한다. 직사각형 평면이 크로스되는 중앙부분에 높이가 100m를 넘고 직경이 약 42m에 달하는 장중한 돔을 올림으로써 새로운 성당공간을 표현해냈다.

22 피렌체_ 산타마리아 피오레 대성당

1500 1550

성 베드로 대성당(~1589)

돔은 내부공간에서 위용을 자랑하는 내부돔과 외피 역할을 하는 외부돔을 가진 2중 돔으로 되어 있고, 8각형의 평면에 리브를 가진 구조방식으로 시공성과 안정성을 꾀한 것도 당시 혁신적인 아이디어였다. 특히 돔의 하부에는 목재와 쇠사슬로 된 인장링을 설치하여 돔의 추력을 인장응력으로 흡수하는 기술을 선보였다.

이러한 새로운 개념의 선진화된 피렌체성당의 축조기술은 최후의 대형 석조건축이라 할 수 있는 로마 성 베드로 대성당(1589년 완성)으로 이어졌다. 피렌체성당과 동일한 구법으로 교차볼트를 가진 장방형 평면의 중앙부분에 거대한 돔이 자리잡고 있다. 규모도 피렌체성당과 유사하고 2중 돔 방식을 사용하고 있으며 인장링을 보강한 것 등은 동일했지만, 평면형이 8각에서 원형으로 진화하였다. 이를 통해 피렌체성당보다 구조를 간략화하고 보다 부드럽고 개방적인 내부공간을 가지게 되었다.

그러나 완성 후 100년이 지나자 돔의 하부부분은 저항능력이 부족해졌고 바티칸 중앙 돔은 심각한 균열양상을 보이게 된다. 이 시기는 벌써 경험

23 로마_ 성 베드로 대성당

1550 1600

으로 건축하던 시기에서 벗어나 과학의 지원이 가능한 시대가 되었기 때문에 1743년에는 바티칸 돔의 붕괴모드와 필요 저항력에 대하여 구조해석이 이루어졌고, 그로 인해 상당한 인장력 보강이 필요한 것으로 밝혀졌다. 그리고 역시 재료의 발달로 인해 철재가 보강재로 사용될 수 있었고 현재 이 돔의 모습이 유지되었다고 한다. 경험의 시대와 돌의 시대가 저물고 있음을 보여준다고 하겠다.

24 영국 콜부룩데일_ 아이언 브리지

25 영국_ 큐가든 팜 하우스

1700 1750

이제 건축구조는 엄청난 변화의 시기를 맞이한다. 왜냐하면 철을 구조재료로 사용할 수 있게 되었기 때문이다. 철의 시대가 가지는 중요한 의미는 압축능력만 있던 이전의 돌과 달리 철이라는 재료에는 인장응력을 발휘하는 능력이 있다는 것이다. 돌을 이용할 수밖에 없던 시대에는 모든 구법과 형태를 압축응력이 발휘되도록 고안해야만 했다. 그러나 이제는 그럴 필요가 없어진 것이다. 힘의 가장 기본적인 패턴인 압축과 인장 모두가 가능한 재료를 사용하게 되었으니, 이제는 어떠한 구조시스템도 가능한 세계로 접어들게 된 것이다.

철을 구조재로 사용하는 시도는 건축에서가 아니라 다리에서부터 시작되었다. 1779년에는 최초로 주철로 만든 다리가 콜부룩데일에 건립되게 된다. 콜부룩데일은 영국의 산업혁명을 이끌던 철강산업의 메카다. 영국 최초의 철광석 용해 주조공장이 있던 곳으로 지금도 지역 전체가 세계 문화유산으로 지정되어 있기도 하다. 대량생산으로 철을 만들어내는 곳이기에 아직 거푸집에 철물을 부어 넣어 만든 주철이지만 철로 된 다리라는 아이디어를

26 영국_ 수정궁

27

1750 1800

콜부룩데일 브리지

실현시켰다. 재료가 철로 바뀌면서 눈에 띄는 모습은 이전의 다리에 비해 대단히 작아진 구조부재이다. 그러나 아직 압축의 전통을 따르는 아치형을 채용하고 있는 것이 눈에 띈다. 접합부 디테일에서는 목재의 형식이 보이기도 한다.

다리에서 실현된 철구조체는 점차로 강한 힘을 바탕으로 거대한 공간을 만들어내는 구조물에 사용되기 시작하였다. 조적조의 보강물로 쓰이거나 목조지붕의 인장재로 활용되는 것이 점차 늘어갔다. 돌과 달리 단면이 작아지고 부재수가 줄어들게 되자 점차로 내부공간에 빛을 끌어들이는 능력이 커져갔고, 건축재료로 유리가 사용되는 것도 가능해져 철과 유리가 만나는 온실과 같은 건축물이 유행하기 시작하였다. 대표적인 예로 1849년 완성된 온실 팜하우스를 살펴볼 수 있는데 약 32m의 스팬을 가지고 있는 내부구조를 보면 아직 아치의 이미지를 그대로 쓰고 있고 철재를 이용한 장식적인 경향을 볼 수 있다.

1850년 수정궁은 유리와 철로 이루어진 구조방식을 한 단계 성장시킨

28 런던_ 킹스크로스역

팜 하우스
1800
1850
상왕뜨와스교(최초 현수교)
큐 가든(~1848)

대표적 사례이다. 영국 박람회를 위해 선진기술을 대변하는 건축물을 지어야 했던 시기에, 공사기간에 압박을 받아가며 빠르게 획기적으로 큰 공간을 만들어내야 했던 것이 수정궁이었다. 수정궁의 규모는 연 8만m²의 면적으로, 총길이가 840m이고 최대 아치가 폭 36.6m에 높이가 51.2m에 달하는 것이었다고 한다. 이러한 거대구조물을 당시 6개월만에 건설한 것으로 알려지는데, 이것은 철재를 이용한 트러스를 규격화하여 공장에서 제작하고 현장에서는 신속하게 조립하는 최초의 프리패브구조 방식이었기 때문에 가능한 것이었다. 이를 위하여 고안되었던 대단히 섬세하고 참신한 디테일과 구법이 지금까지 도면으로 남겨져 있다.

이 시대 즈음에는 철을 건축재료로 활용하고자 하는 크고 작은 시도가 다수 이루어졌던 것으로 보인다. 관심이 가는 사례는 1851년 완성된 파리의 생 쥬니브에브 도서관이다. 이 도서관은 앙리 라부르스트에 의해 만들어졌는데, 조적의 외벽과 더불어 내부는 가는 철골기둥과 철재로 된 볼트로 구성되어 있다. 기둥 사이가 약 10m 정도가 되는 비교적 작은 공간이지만 새

29 런던_ 세인트 팬그러스역

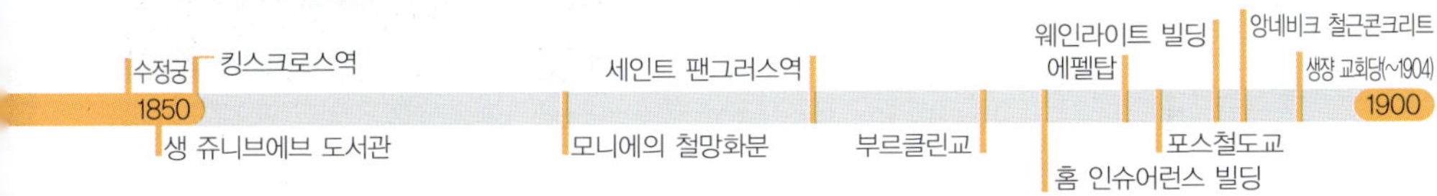

로운 재료를 이용하여 만들어낸 우아한 실내공간은 이 시대 건축가들의 건축과 구조에 대한 관계인식을 보여준다고 생각된다.

철도가 유럽 전역을 연결하기 시작하면서 대형 역사의 등장은 구조능력이 뛰어난 철골구조의 활용을 보다 활발하게 만들었다. 하나의 지붕으로 플랫폼 전체를 모두 끌어안는 유럽의 역사는 기차량 수가 늘어날수록 점점 더 장스팬이 되어질 수밖에 없었기 때문에, 1852년 런던의 킹스크로스역에서는 이미 32m의 스팬을 가진 콩코스(concourse)가 구현되었다. 처음에는 목재판을 주철 금속으로 접합시킨 목조아치 구조였으나, 1887년 연철재 아치로 교체되었다고 한다. 지금도 건재하게 영국의 국내선 열차의 중심역으로 쓰이고 있는 이 역의 지붕은 아치형을 띠는 철골 보로 당시의 철골구법을 그대로 보여주고 있다. 기둥과 만나는 부분에는 깊이를 증가시켜 응력의 흐름을 원활히 하면서 장식기능을 겸하는 디테일도 볼 수 있다.

킹스크로스 바로 옆에는 1876년 건립된 세인트 팬그러스 역사가 있다. 플랫폼이 있는 75m의 넓은 공간을 철골아치로 해결한 대공간 건축물이다.

30 루자고가교

31 파리_ 에펠탑

아치의 구성은 킹스크로스역의 철골보에서 한 단계 발전하여 트러스 부재와 같은 구성을 보이고 있다. 그러나 건물의 전면에서 보면 거대한 철골 아치의 모습을 짐작하기가 어려운데, 그것은 전면에 네오고딕식으로 장식된 입면으로 교모하게 철골 트러스의 형상을 감추었기 때문이다. 19세기에는 전통의 양식이 건축물로서 인정받던 시기여서 트러스나 철골구조와 같은 것은 건축에서 감추어져야 할 것으로 간주되었다고 한다. 철이 등장하여 구조가 발전하고 새로운 공간감을 주고 있지만 정식 건축물에서는 아직도 조적으로 장식된 구법이 선호되고 있어서 이들의 절충이 필요했던 시기였다고 생각된다.

철골에 대한 반감은 에펠탑의 뒷이야기에서도 알려진 바 있다. 건립 당시(1889)에는 예술을 사랑하는 파리인들로부터 엄청난 저항을 받았던 에펠탑이었지만, 구조적인 의미에서는 철을 이용하여 높이 세우는 구조물의 구법을 완성한 작품으로 평가된다. 돌에 비해 가늘고 경량인 철골구조를 높이 세우면 바람에 대한 저항이 특별히 요구된다. 에펠탑에서 보여지는 유선형

32 시카고_ 웨인라이트 빌딩

33 시카고_ 릴라이언스 빌딩

의 곡선은 미적인 측면에서 고안된 것이기보다는 구조적 요건을 만족시키기 위해 개발된 묘책이라고 할 수 있다. 높이 세워진 구조물은 하부에서 넓은 면적을 요구하고 아래로 넓어질수록 안정적이게 된다. 지금은 상식과도 같은 일들일지 모르지만 19세기말에는 대형 교량에서 바람과 같은 횡하중으로 인한 많은 사고를 겪어가면서 얻어낸 지혜이다. 에펠탑의 전작인 루자고가교(1869)에서 볼 수 있듯이 에펠은 특히 수평하중에 저항하는 교량설계로 명성을 쌓아나갔고, 여기서 축적된 경험이 에펠탑의 구성과 디자인을 성공적으로 이끌어냈을 것이다.

이른바 고층건물이 들어서게 된 것도 이 시기의 이야기이다. 제련법이 발전하면서 철골부재의 강도도 커지고 각종 설비와 엘리베이터의 발명도 고층건물의 실현을 도왔다. 주로 시카고에서 많이 보여졌는데, 1885년 건립된 철골로 건설된 미국 최초의 고층건물 10층짜리 홈 인슈란스빌딩을 필두로 수많은 고층건물이 들어서게 된다. 1890년대에는 시카고에 그 어느 도시보다도 이러한 근대적 고층건물이 많이 등장했기 때문에 시카고파라는

35 뉴욕_ 부르클린교

34 **영국_ 포스철도교** 게르버시스템을 이용한 스팬 521m의 철도교. 1890년 완공.

이름으로 분류되기도 하였다. 현대에 건립되고 있는 중층건물들과도 크게 다르지 않은 구법이 이 시기에 완성되었던 것으로 보이며, 뉴욕의 엠파이어 스테이트 빌딩이 완성된 시기가 1931년인 것을 생각해 보면 초고층 건물로 발전되기 직전의 건축물들이라 할 수 있겠다.

철을 이용해 장스팬을 만들어내는 일도 발전을 거듭했다. 아치형의 철골 교량들은 점차 철의 인장능력을 이용하여 현수교로 발전해 갔다. 처음에는 철 사슬로 된 인장재 그리고 긴 철판 양측에 구멍을 내어 연결해 가는 강판체인 등을 이용해 현수교의 스팬을 늘려갔다. 19세기에는 드디어 와이어를 이용한 케이블을 이용한 현수교가 등장하게 된다(1816, 상앙뜨와스교, 스팬 33m, 최초의 영구적 현수교). 케이블을 이용한 대표적 초기 작품으로는 1883년의 부르클린교가 있다. 이 다리는 현수구조를 이용하여 487m 스팬의 다리를 완성하였다. 근대적 현수구조의 시작이라고 할 수 있으며 지금도 인장재를 이용하여 점점 더 스팬이 긴 대형 교량들을 만들어 가고 있다.

36 파리_ 생 장 교회당

37 파리_ 프랭클린가 25번지 아파트

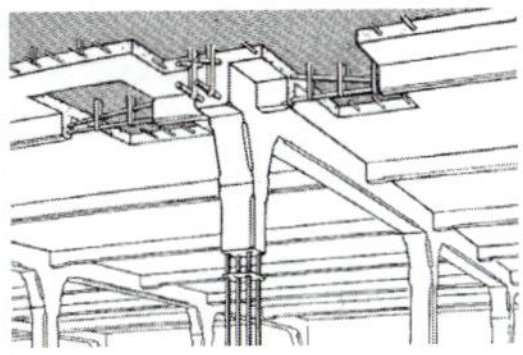

38 앙네비크 철근콘크리트 시스템

철의 활용이 활발해지면서 건축구조에는 또다른 획기적인 재료가 등장하게 되는데, 그것이 철근콘크리트(reinforced concrete)이다. 1867년 모니에르(Joseph Monier)가 철망을 넣은 화분으로 특허를 받아 최초의 철근콘크리트 개념이 출발한 것으로 알려져 있고 각국에서 유사한 기술이 소개되기 시작하였다. 그 중 건축구법에 큰 영향을 미친 사례로 프랑스의 앙네비크(F. Hennebique)가 1892년에 개발한 시스템을 들 수 있는데, 이 시스템에서 최초로 스터럽을 사용하였고 보에 벤트근을 사용하는 방식이 표준적인 배근법으로 자리잡게 되었다. 이에 따라 부재체적이 많이 줄어든 가느다란 선형의 보와 기둥의 구조체를 구성할 수 있게 되었고, 그 위에 슬래브를 얹는 구성법이 널리 활용되면서 근대건축 양식의 기초가 되었다.

철근콘크리트를 이용한 초창기 예로 1894년도부터 10년간 지어진 몽마르트 언덕의 생 장 교회당(Saint Jean de Montmarte), 1902년 어거스트 페레의 프랭클린가 25번지 아파트 등을 볼 수 있다. 당시 새로운 재료를 이용하여 얇고 가는 구조체를 만들고 비내력체를 구조체로부터 분리하여 구

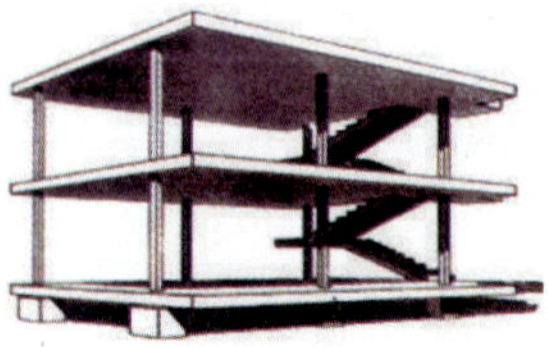

39 도미노 시스템

40 파리-빌라사보아

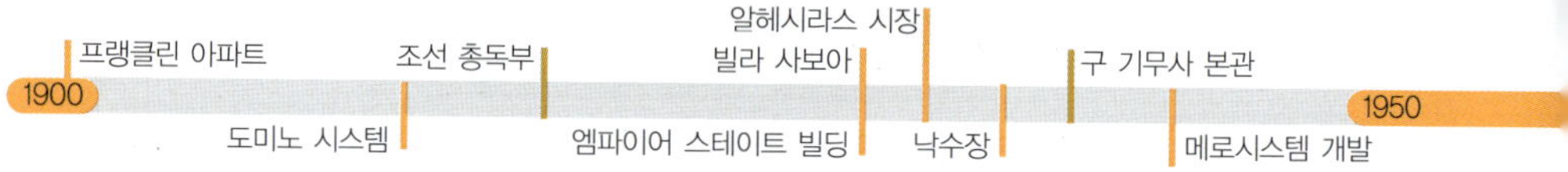

성한 획기적인 사례였다. 또한 얇은 수평의 슬래브를 이용하여 다층의 건물이 쉽게 구성되었으며 캔틸레버 슬래브를 돌출시키는 등 건축계획적인 측면에서 새로운 구성을 선보였다.

이후, 철근콘크리트구조의 건축물은 국제주의 양식으로 불리며 전세계적으로 확산, 양산되었는데, 이로 인해 가장 혁신적인 변화를 가져오게 된 것이 휨모멘트를 자유롭게 사용하는 수평바닥의 구현과 체적이 적어진 구조체와 비구조체의 분리에 따른 자유로운 평면이었다고 할 수 있다. 근대건축가 중 대표적인 건축가 르 코르뷔지에는 규칙적으로 배열된 철근콘크리트 기둥과 보, 그리고 슬래브 바닥판으로 구성된 도미노 시스템(1914)을 범용으로 활용할 수 있는 골조로 제안했다.

이로 인해 구조부재와 공간을 구획하는 건축요소가 반드시 일치될 필요가 없어지고 뼈대는 뼈대대로 가장 능률적인 방법으로 존재하고 평면은 그 뼈대의 주변에 자유롭게 놓이는 구법이 일반화되게 되었다. 외피는 반드시 있을 필요도 없다. 가끔 1층 부분에서 외피가 삭제되어 다른 기능을 불러올

41 미국_ 낙수장

42 서울_ 구 기무사 본관건물

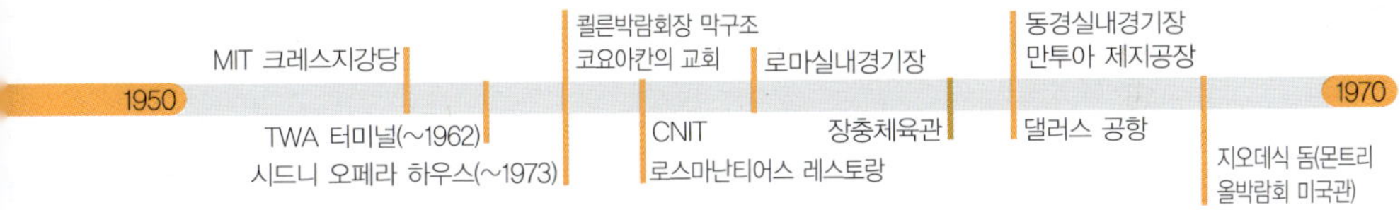

수도 있을 것이다. 그리고 외피가 구조체로부터 독립되게 되면 외피가 위에서부터 오는 하중을 아래로 전달해야 하는 의무에서 벗어난다. 안쪽에 있는 구조체와 관계없이 연속적으로 개방될 수 있는 것이다.

그뿐이 아니다. 이제까지 아치형에서 벗어나 다양한 형태로 휨모멘트를 저항하는 수평부재의 출현은 형태적으로도 새롭고 매력적인 것이었다. 지붕의 수평성은 옥상을 공간으로 활용할 수 있다는 아이디어까지 제공하였다. 이것이 코르뷔지에가 이야기하는 근대건축의 5원칙(자유로운 평면, 필로티, 연속창, 자유로운 파사드, 옥상정원)의 배경일 것이다. 이러한 수평성을 가진 형태미를 강조하는 것은 이후 다수의 건축물에서 다양하게 변화되며 반복적으로 나타났던 근대건축의 중요 설계요소였는데, 근대 건축가들이 철근콘크리트라는 새로운 재료와 구법이 가져다 준 매력에 심취하였던 것이라 생각된다.

20세기에 들어서 우리는 더 큰 공간과 높은 구조물을 요구하게 되었고, 가속화된 구조기술과 재료의 발달에 힘입어 걸출한 엔지니어나 건축가들이

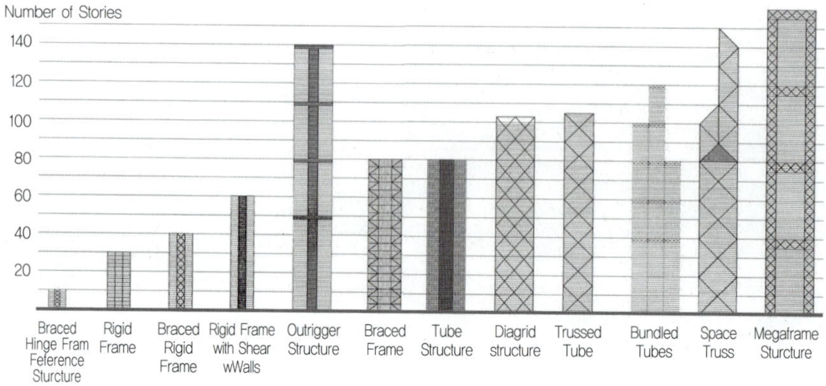

43 초고층 건축물의 다양한 방식

보다 넓고 보다 높은 건축물을 짓기 위해 열정을 쏟고 있다. 초고층 건축은 1931년 엠파이어 스테이트 빌딩(381m)을 시작으로 세계에는 가장 높이 지어 올리고자 하는 경쟁을 시작한 것으로 보인다. 최근에는 우리나라 기술로 지어진 버즈두바이(2010)가 810m로 건립되기에 이르렀다.

초고층 건축물은 땅 위로부터 높이 올라가기 때문에 적층되는 각 층의 무게를 땅으로 전달하는 방법 못지않게 바람이나 지진하중을 땅으로 전달하는 방법이 모색되어야 한다. 이를 위해 에펠탑에서 나타났듯이 하부의 구조단면과 강도를 키우고, 건물 전체가 땅에 지지되는 하나의 캔틸레버 보가 되어 수평하중에 저항하는 여러 구조시스템이 개발되었다. 초고층 건축은 극단적으로 힘과 싸우는 건물이므로 많은 사례들에서 수평하중과 싸우고 있는 방식을 그대로 건물의 형태이미지와 공간구성의 해결책으로 사용하고 있는 것을 볼 수 있다.

보다 넓어지기 위해 노력을 기울이고 있는 대공간의 발달은 어떠한가. 스페인의 또로하가 설계한 알헤시라스 시장(1933)을 판테온의 대를 잇는 현

44 스페인_ 알헤시라스 시장

45 멕시코_ 로스마난티어스 레스토랑

대적 대공간 건축의 초기작품으로 볼 수 있다. 8각형 평면의 각 꼭짓점에 올려진 철근콘크리트 돔으로 건립되었는데, 프리스트레스를 도입하여 두께 9㎝로 직경 48m의 넓은 공간을 덮어냈다.

이것은 구조체의 형상을 변화시킴으로써 얻어진 구조능력인데, 자유로운 성형성과 압축 및 인장강도를 가진 철근콘크리트가 뒷받침되었기 때문에 가능하였던 것이다. 1930년대부터는 이러한 철근콘크리트 기술을 이용하여 각지에서 돔구조 및 쉘구조가 나타나기 시작한다. 곡면의 형태 또한 다양해져 볼록한 모양의 돔뿐만 아니라 오목한 곡률과 볼록한 곡률이 동시에 일어나는 이중곡률의 HP 쉘(hyperbolic shell), 물결 모양 쉘 등의 사례가 등장하였다. 이들은 하중에 가장 효과적으로 저항하는 형태를 입체적으로 구성하게 함으로써 매우 얇은 철근콘크리트 면으로 넓은 공간을 형성하도록 한 것이다.

멕시코의 칸델라가 설계한 코요아칸의 교회(1957년)는 한 장의 HP쉘로 설계되었는데, 두께 4㎝의 철근콘크리트 판이 25m×30m의 공간을 덮고

46 미국_ MIT 크레시지 강당

48 멕시코_ 코요아칸교회

47 파리_ CNIT

있다. 칸델라가 그 다음해 설계한 소치미르코의 유명한 로스마난티어스 레스토랑(1958)은 HP곡선을 연속시켜 물결 모양의 이미지를 보이고 있는데, 대략 30m의 공간을 12㎝ 두께의 R.C.판으로 구성한 예이다.

사리넨은 1955년 MIT 크레스지 강당을 두께 8.9㎝의 쉘로 약 48m의 스팬을 가진 공간을 덮도록 볼록한 쉘구조로 설계하였다. 1958년 완성된 파리 신개선문 앞의 CNIT는 세 지점으로 지지되고 있는데, 삼각형의 한 변이 206m에 달하는 쉘구조이다. 이탈리아의 특출한 엔지니어인 네르비는 매끈한 콘크리트 쉘에 리브를 도입함으로써 구조능력을 한층 강화시키고 이미지 효과가 뛰어난 쉘을 선보였다. 유명한 작품이 다수 있지만, 그 중 유명한 로마실내경기장(1960)을 보면 외부에 Y자형의 기둥을 두고 그 위에 리브가 교차되어 입체적으로 펼쳐지게 만든 화려한 쉘구조로 내부직경 58.5m의 넓은 공간을 만들어내고 있다.

쉘구조는 재료가 가진 특성을 이용하여 형태적인 자극을 주고 대공간을 갖게 하는 현대적 기능성을 만족시켰기 때문에, 1950년대에 전 세계적으로

50 뉴욕_ TWA에어터미널

49 로마_ 실내 경기장

유명 건축가나 엔지니어에 의해 다수 건립되었고 적절치 않아 붕괴되기도 하는 등 이슈가 되는 사례들을 많이 남겼다. 그리고 구조역학적인 측면에서 요구되는 형태에서 벗어나 조금씩 형상을 달리해가며 새로운 이미지를 구현하는데 적용되기도 하였다. 대표적인 예가 사리넨이 설계한 미국 TWA터미널(1956-1962)이라고 할 수 있는데, 이 사례는 철근콘크리트 쉘을 적용한 것은 맞지만 그 곡면의 형태와 지지상태가 새와 같은 이미지 구현을 위해 자유로운 형태를 취하면서 쉘구조의 구조합리성에서는 멀어지고 있었다.

당시 쉘구조의 조형성에 건축가의 기대가 지나쳤던 사례는 빈번히 있었던 것으로 보이는데, 그 중 클라이막스가 아마도 1957년 콤페에 당선된 웃존의 시드니 오페라 하우스 설계안일 것이다. 잘 알려진 바와 같이 웃존의 안은 쉘구조처럼 보이는 초기 안에서 여러 번의 수정을 거쳐 지금의 형태로 수정되어졌다. 힘의 원리에 입각하여 도출된 곡면이 아닌 탓도 있었지만, 쉘구조의 곡면으로 수정한다고 해도 철근콘크리트 쉘을 현장에서 만들어내기 위해 설치해야 하는 거푸집과 타설방법이 문제였다. 대범한 이미지를 보

51 호주 시드니_ 오페라하우스

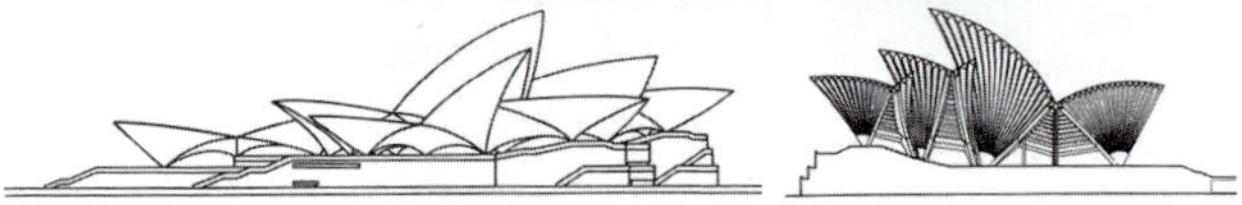

초기 콤페 당선안 최종안

여줬던 TWA터미널도 건물의 전체윤곽이 약 95m×65m에 높이 15m의 쉘. 그러나 두 동으로 된 시드니 오페라 하우스(1957-1973)는 한 건물의 범위만도 약 110m×60m에 쉘만의 높이가 40m에 달하였기 때문에 당시 기술이 뒷받침하기에는 규모가 컸던 것이다. 결국 쉘구조는 리브가 있는 프리캐스트구조로 바뀌어졌고, 덕분에 구조계는 대공간을 만들어내기 위해 시공성과 합리성을 고려하는 조합의 구조방식으로 사고를 넓혀 가게 되었을 것으로 짐작된다.

쉘구조와 같이 조형성을 고려하며 면형의 구조를 발달시켜 가는 흐름의 한편에서는 철골을 중심으로 입체적으로 분산된 조합부재로 하중을 전달하는 공간구조방식도 전개되어 왔다. 철이 등장하면서 19세기부터 나타난 온실이나 역사, 아케이드 등에서 나타난 철골 리브 돔들이 그 전형이라고 할 수 있겠는데, 트러스의 원리를 입체적으로 확장하여 실현가능성을 높여갔다.

언급할만한 것은 1967년 벅스민스터 풀러에 의해 보여진 몬트리올 박람회의 미국관이다. 이 구조가 지오데식 돔이라고 불리는 구형의 입체 트러스

52 몬트리올 박람회 미국관

53 메로시스템의 예와 접합부 상세

이다. 돔 형태를 띤 직선부재로 힘의 흐름을 효율적으로 해결한 이 시스템은 동일한 부재길이로 구성될 수 있게 고안되었기 때문에 경량이면서도 최적의 효율성을 가진다. 이후 건축물을 비롯한 대단히 많은 구조물에 적용되고 있다.

또한 철골의 입체 트러스는 무엇보다도 여러 직선부재가 만나는 접합부를 해결하는 것이 중요했는데, 1941년 멩어링하우젠(Mengeringhausen)에 의해 발명된 접합부가 이 부분에서 획기적인 해결책으로 알려져 있다. Mero시스템이라고 불리는 이 구법은 입체 트러스의 확산을 도왔고 스페이스 프레임으로 더 친숙한 이 구조시스템은 지금도 우리 주변에서 상당히 유효한 구조시스템 중 하나이다.

아치로부터 시작되어 본격적으로 공간을 넓혀오던 구조시스템은 철의 사용으로 인해 압축뿐만 아니라 인장강도를 포함한 여러 가지 구법으로 발달해 왔다. 이제 기술의 발달에 힘입어 한 단계 더 진화해가는 새로운 구조의 양상을 살펴보면 그것이 인장응력 부재의 활약이다.

54 워싱턴_ 댈러스공항

55 동경_ 실내체육관

부르클린교에서 보았듯이 현수교를 만드는 부드러운 인장부재, 케이블을 건축물의 대공간을 구성하는데 사용하기 시작한 것이다. 1964년도 건립된 일련의 예들을 보면 워싱턴의 댈러스 공항은 기울어진 기둥 위로 케이블을 늘어뜨리고 콘크리트로 마감해 49m 스팬의 공간을 구성하였고, 네르비의 만투아 제지공장은 163m, 동경의 요요기 실내경기장은 124m의 스팬을 가진 대공간을 만들어내었다. 이것은 가장 효율적이고 경량인 인장구조시스템을 채용한 덕분인데, 케이블과 같은 부드러운 인장재를 사용했을 때 발생하는 여러 기술적 문제에 대한 해결이 뒤따랐기 때문에 가능해진 것이라 본다.

인장재를 이용하는 또 다른 구조방식으로는 지금까지의 구조시스템에 인장재를 보강하여 구조체의 힘을 덜어주는 것이다. 대표적으로 휨재를 인장재로 당겨올려 휨모멘트를 줄이고 보다 넓은 스팬을 가능하게 하는 구법이 있다. 교량에서 많이 쓰이는 사장교라는 기술을 건축에서 응용한 것이다. 또 보의 하부 부분에서 인장재를 보강하여 휨모멘트를 줄이는 방식도

56 영국 스윈든_ 르노센터

57 동경_ 도쿄포럼

있다. 이외에도 독립된 인장부재를 매우 다양한 방식으로 구조체에 접목시키면서 구조시스템의 변신을 꾀하고 있는 사례들을 다수 보게 된다.

이렇게 인장재를 활용하면 인장재의 높은 효율 덕분에 구조체의 체적이 감소하고 부재의 자중이 감소한다. 이에 따라 대공간도 가능해지고 공간의 투명도는 더욱 증가하게 된다. 그리고 인장재를 이용한 복잡한 구성이 의장적 효과 때문에 선호되기도 한다. 그러나 인장재는 안정성을 확보하기 어려운 부재이고 기술적으로 해결하기 어려운, 그래서 비용의 증가를 가져오는 여러 가지 문제점을 내포하고 있기도 하다. 현재는 이러한 양면적인 특성을 고려하여 적절한 곳에서 기능을 발휘하는 구조시스템으로 자리잡고 있는 것으로 보이는데, 뛰어난 구조능력을 바탕으로 200m를 초과하는 대공간에도 사용되지만, 의외로 중소규모의 건축물에서도 자주 사용되는 것을 볼 수 있다.

현대에는 다양한 새로운 구조재료가 등장하면서 구조체의 변화를 가져오고 있다. 그 중에 대표적인 막구조는 당겨지는 면을 구조재로 활용하는

58 쾰른 박람회장 정문

59 케임브리지 쉴럼버그연구소

것으로, 1957년 쾰른에서 프라이 오토가 그 현대적 활용가능성을 열어주면서 현대의 중요한 구조방식이 되었다. 더욱이 화학공업의 발달로 1980년경에는 막재의 코팅재가 우수해져 영구적인 건축자재로 활용될 수 있게 되었기 때문에 최근 우리는 많은 곳에서 막으로 이루어진 대형 건축물을 만날 수 있다.

막은 인장력을 이용하는 것이기 때문에 힘의 효율이 높고 매우 경량이어서 넓은 공간을 덮어내는데 유리하다. 뿐만 아니라 적당한 투시성을 가지고 있어 개방적이고 투명한 공간을 만들어낸다. 막의 곡면이 만들어내는 형태효과도 뛰어나다. 이러한 특성으로 인해 이미 중소형의 작은 건축물에서부터 초대형에 이르기까지 넓게 활용되고 있다.

더욱이 막재를 이용하여 공기를 구조지지방식으로 활용하는 아이디어도 실현되고 있는데, 동경의 도쿄돔 같은 예는 내부에 공기를 불어넣음으로써 하나의 막재로 200m가 넘는 공간을 덮어내고 있다. 또한 님에 있는 로마시대의 원형경기장 위에는 겨울이 되면 특별히 두 개의 막 사이에 공기를

60 동경 도쿄돔

61 프랑스 님_ 로마아레나의 이중막 돔

불어넣어 만드는 에어쿠션이 지붕재로 등장한다. 이제는 구조가 고정되어 있는 것만이 아닌 가변적인 것으로 요구되기도 한다는 것을 생각하게 한다.

고인돌에서부터 시작되었던 우리의 구조를 생각해보자. 돌, 철, 케이블, 막으로 재료는 확대되고 이제는 800m가 넘는 초고층, 300m가 넘는 대공간을 바라보게 되었으니, 참으로 복잡하고 가공할만한 공간을 가지게 되었다고 생각된다. 구조기술의 발달은 보다 혁신적이고 상징적인 공간을 원하는 인간의 욕구 때문이다. 그 욕구는 보다 넓고 개방적이며 가벼운 구조체를 원하는 마음으로 구체화되어 왔다. 그리고 그 욕구를 만족시키기 위하여 우리는 새로운 재료를 이용하여 계속해서 '힘'을 다루어 왔다는 것을 주목했으면 한다. 그것이 구조의 역사, 구조로 인한 건축의 역사이다.

좀 더 읽어보기

- 사이토 마사오 저, 박찬수 · 박선우 · 이주나 역, "건축 공간 구조이야기", 기문당, 2005.
- 藤本盛久 편저, "構造物の技術史", 市ケ谷出版社, 2003.
- F. D. K. Ching 외 2인 저, "A Global History of Architecture", John Willy & Sons, 2007.
- 로버트 마크 외 공저, 김태중 · 조형래 역, "서양건축기술사", 경남대학교 출판부, 1999.
- R. J. Mainstone, "Developments in Structural Form", Architectural Press, 2001.
- 함인선 저, "구조의 구조", 도서출판 발언, 2001.
- 김승제 · 박열 저, "근대 건축의 흐름", 기문당, 2008.
- 坪井善昭외 4인 저, "「広さ」「長さ」「高さ」の構造デザイン", 建築技術, 2008.
- F. D. K. Ching 외 2인 저, "Building Structures Illustrated", John Willy & Sons, 2009.
- N. Parkyn 편저, 남경태 역, "우리세계의 70가지 경이로운 건축물" 오늘의 책, 2004.
- 로버트 마크 저, 권영재 역, "빛과 바람과 구조", 도서출판 화영사, 2001.
- A. Zannos, "Form and Structure in Architecture", Van Nostrand Reinhold, 1987.
- 大橋雄二 저, "日本 建築構造基準 變遷史", バラク建築, 1993.

Chapter 5

구조시스템

Structure System

5 | 구조시스템
Structure System

구조시스템이란
Structure System

발전과정에서 살펴봤듯이 힘을 전달한다는 궁극적 목적은 동일하지만, 건축구조는 매우 다양한 방식으로 구성되어 왔다는 것을 알 수 있다. 그러므로 이제는 구조가 어떻게 짜여지는 것인지에 관심을 가질 때이다. 구조체의 짜임을 하나의 조직체계, 즉 시스템으로 놓고 그 구성방식을 구체적으로 알아보자.

먼저 하중은 이 시스템의 원인이자 입력 데이터이다. 구조시스템은 하중을 먼저 수용하여 이것을 부재를 통해 전달시킨다. 그리고 최종적으로는 그 하중을 지반이나 하부구조에 내려놓게 되는 것이다. 부재를 짜서 하중을 이리저리 전달시키는 이유는 건축물에서 사람들이 사용할 수 있는 공간과 형태를 갖기 위해서이다. 이것이 건축 구조시스템이라는 구성체계의 기능이다. 다시 말해, 구조시스템은 '건축형태와 공간을 만들어내기 위한 하중 전달체계' 라고 요약할 수 있고 그 구조시스템의 역할을 다음과 같이 간략하게 나타낼 수 있다.

하중의 수용 Load reception → 하중의 전달 Load transfer → 하중의 해소 Load discharge

구조시스템의 역할 - 힘의 흐름

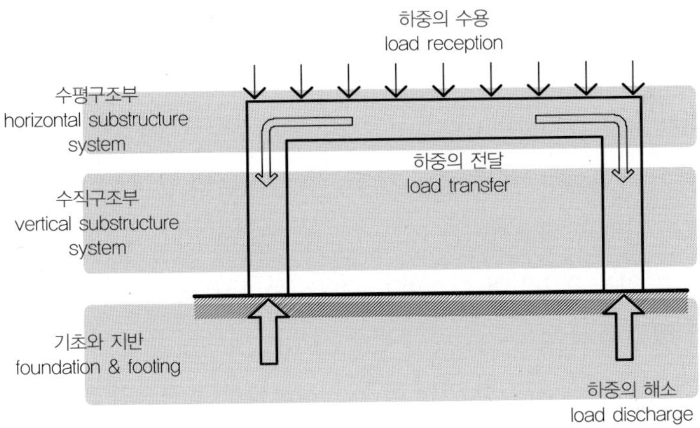
하중의 수용
load reception
수평구조부
horizontal substructure system
하중의 전달
load transfer
수직구조부
vertical substructure system
기초와 지반
foundation & footing
하중의 해소
load discharge

구조시스템의 구성체계

그러므로 이러한 역할을 수행하기 위해 구조시스템에는 하중을 수용하고 전달하는 수직구조부와 수평구조부가 있으며, 또한 하중을 지반에 해소시키기 위한 기초부가 필요하다. 그리고 구조의 필수요건에서 알아본 바와 같이 안정구조시스템도 확보되어야 한다. 구조시스템을 구성하고 있는 이들 각 부분에 대하여 구체적으로 살펴보기로 한다.

기초와 지반

Foundation & Footing

건물에서 가장 중요하면서도 우리 눈에 보이지 않기 때문에 등한시 될 수 있는 부분이 바로 기초 부분이다. 그러나 전술한 바와 같이 기초는 구조시스템 전체에서 하중을 해소시키는 매우 중요한 기능을 가진 부분이다. 어디에 내려놓을 수 있을 것인가를 결정하는 것에서부터 구조시스템의 디자인이 시작된다고 해도 과언이 아니라고 할 만큼 기초는 매우 중요한 역할을 맡고 있다.

사실 기초시스템의 첫 번째 가정은 기초하부의 지반이 하중을 내려놓을 만큼 강해야 한다는 것에서 시작되어야 한다. 대개 우리가 살고 있는 땅은 우리가 지지하기에 단단한 것처럼 느껴지지만 상부의 거대한 건축물을 올려놓기에는 부족한 지내력을 가지고 있는 경우도 많다. 그런 경우에는 땅속 깊숙이 적당한 단단함을 가진 부분까지 기초를 내려 설치하거나 말뚝을 박아 지지시키기도 하는 것을 볼 수 있다(말뚝기초). 보다 적극적인 경우에는 인위적인 방법으로 땅의 지내력을 개선시키기도 한다.

일단 어떠한 방법을 통해서든 지반의 단단함을 확보했다고 하더라도 상부의 수직부재가 작은 면적으로 파고 들어온다면 지반은 하중의 압력을 강하게 느끼게 될 것이다. 기초 부분에서는 땅이 견딜 수 있을 만큼 건물의 하중을 완만히 분산시켜 내려놓는 배려가 필요하다. 그래서 우리는 기둥이나

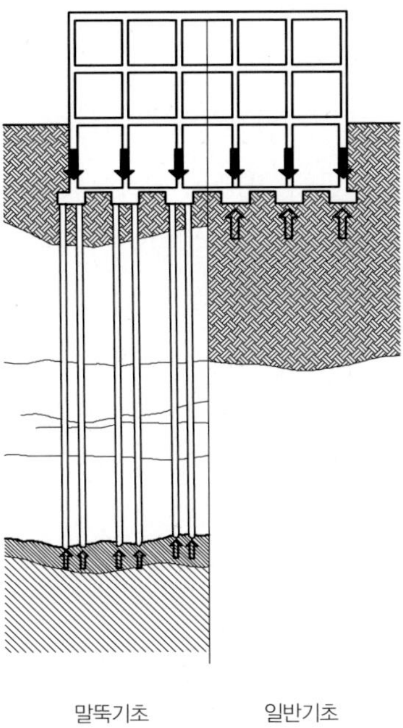

기초와 지반

벽과 같은 수직부재를 바로 지반 위에 놓지 않고 기초판을 만들어 땅 위에 하중을 해소시킨다. 기초판을 넓히면 넓힐수록 하중을 지지하는데 많은 땅이 동원될 것이다. 그만큼 상부하중을 받치기에 편안해질 것이 틀림없다.

그래서 땅을 누르는 힘은 기초판의 면적에 대한 상부하중의 비로 계산한다. 그리고 이 값을 지반이 감당할 수 있는 땅의 버팀력, 즉 지내력과 비교검토한다. 누르는 값이 지내력보다 더 크다면 당연히 땅은 버티지 못할 것이므로 기초판을 더 키워야 한다. 누르는 값보다 지내력이 더 크다면 땅이 버틸 수 있으므로 적당한 기초판이 된 것으로 본다.

상부구조체의 방식에 따라 기초의 종류도 달라질 것이다. 하중이 기둥으로 전달되어 땅으로 내려온다면 기둥 아래에만 기초판이 있으면 된다. 그러나 벽이 하중을 전달하는 역할을 한다면 기초판도 길게 벽을 따라 연속되어야 할 것이다. 만약 지반이 약해서 독립적으로 세워지는 기초판이 자꾸 커져 서로간에 겹치게 된다면 어떻게 될까. 차라리 건물 하부 전체를 온통 기초판으로 만들어버리는 것이 나을 것이다. 이런 기능을 고려해서 건축 기초구조 중에는 독립기초, 복합기초, 연속기초, 온통기초 등으로 불리는 기초들의 종류가 있다. 상부구조 구성과 지반상태를 고려하여 적절한 기초형식을 결정하게 된다.

기초의 구성은 이렇게 단순한 원리를 가지고 있지만 실제 지반의 조건은 꽤 까다롭다. 건물 전체의 기초가 동일한 지반조건이 아닐 때가 빈번하며, 가끔 위에서 아래로 작용하는 중력의 법칙에서 벗어나는 조건이 발생할 때도 있다. 지반의 형편에 따라 건물의 일부의 침하가 다르게 나타나는 부동침하라든가, 지하의 물이나 다른 조건에 의하여 상승하는 압력을 받는 기초 같은 것이 그런 예이다. 어느 경우에는 위에서 내려오기로 한 수직하중이 압축력이 아니라 인장력일 때도 있다. 근사한 스타디움이나 현수교의 뒷당김 케이블 같은 부재들은 당김에 저항하여 지반에 정착시키는 인장기초를 요구한다.

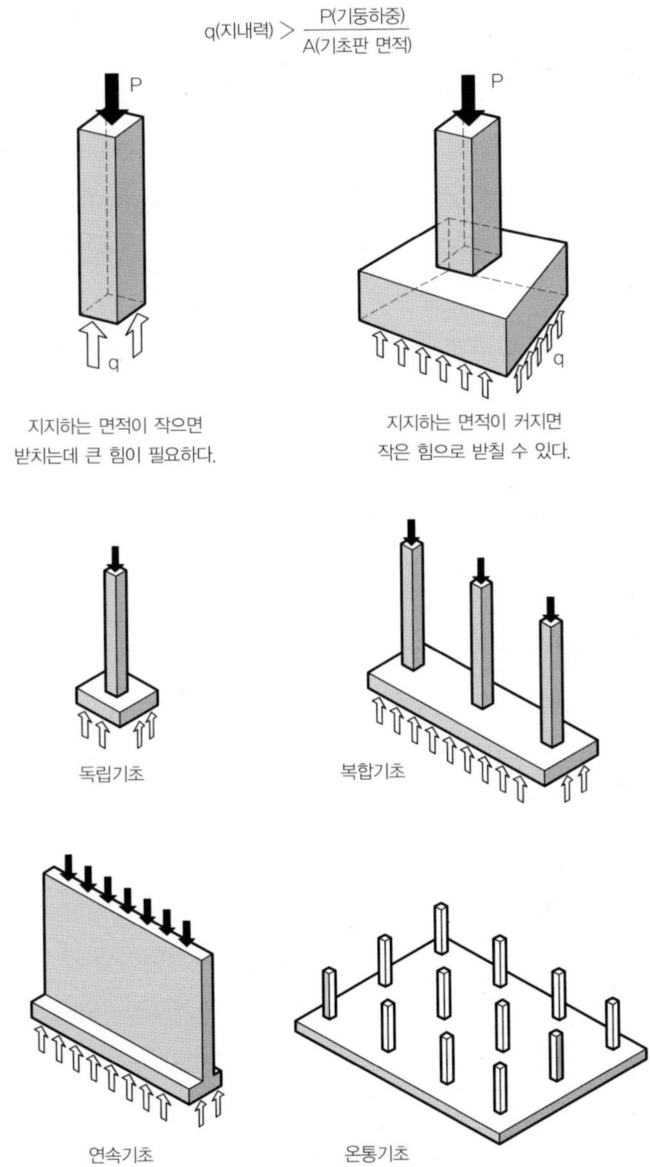
q(지내력) > P(기둥하중) / A(기초판 면적)
P
q
P
q
지지하는 면적이 작으면 받치는데 큰 힘이 필요하다.
지지하는 면적이 커지면 작은 힘으로 받칠 수 있다.
독립기초
복합기초
연속기초
온통기초

기초의 형식

구조시스템의 종류
Types of Structure System

하중을 내려놓을 수 있는 기초를 잘 다져놓았다고 생각해보자. 그리고 나면 기초 위에서 벌어지는 힘의 흐름을 고민할 차례이다. 이 힘의 흐름은 앞에서 살펴본 바와 같이 수평구조부에서 우회되어 수직구조부로 전달될 것인데, 여기에는 매우 다양한 종류의 구성방식이 있어서 건축의 짜임을 변화시킨다. 그렇기 때문에 건축물을 계획할 때나 구조체를 계획할 때에는 먼저 이 구조부재의 전반적 구성방식인 구조시스템을 결정하는 일에서부터 시작한다. 그러므로 어떠한 구조시스템들이 있고, 그 구조원리와 특성은 어떠한지를 이해하는 것이 선행되어야 할 것이다.

그런데 기존에 구조시스템을 지칭하는 용어를 관심을 가지고 살펴보면 대부분 RC구조, 막구조와 같이 재료를 중심으로 표현하거나 혹은 형태를 표현하는 용어를 사용하고 있음을 자주 보게 된다. 이러한 용어 인식은 재료를 선정하거나 부재 저항내력과 시공방법을 결정할 때, 말하자면 엔지니어링 측면에서 구조를 접근할 때는 신속한 결정을 가능하게 하고 공통된 특성을 잡아내기 용이한 방법일 것이다. 그러나 이러한 용어 인식만으로는 구조시스템에서 벌어지는 근본적인 원리, '힘의 전달방식' 을 알아채기에는 어려움이 있다고 본다.

구조시스템은 원래 힘을 전달하는 구성체이고, '힘의 전달방식' 은 각 부재에게 제 위치를 찾아가게 하는 이유이자 서로 다른 구조시스템의 형태, 구조효율을 결정하는 근거이다. 그러므로 다양한 구조시스템의 종류를 알고 싶다면 바로 이 '힘의 전달방식' 에 관심을 가져야 하는 것이 당연한 일일 것이다. 특히 설계 초기단계에서부터 형태와 기능과 연관되는 구조의 구성방식을 결정해야 하는 경우, 이때에 효과적으로 구조시스템을 결정해내기

1

독일 베를린_ 소니센터 재료는 철골+막구조, 힘의 전달방식은 들림형 인장구조시스템

2

독일 베를린_ 제국국회 재료는 철골+유리구조, 힘의 전달방식은 압축구조시스템(방사형 아치)

위해서는 '힘의 전달방식'에 따른 구분과 관계인식을 가지고 있는 것이 반드시 필요하다.

따라서 구조시스템에서 힘의 전달은 부재의 '응력상태'에 의해 이루어지므로 여기서는 구조시스템의 종류를 부재의 응력에 따라 분류하고 살펴볼 것이다. 사실 구조부재 안에는 여러 가지 응력이 복합적으로 작용하는 경우가 많이 있지만, 단순화하여 인장, 압축, 휨을 주된 응력으로 보고, 이 세 가지 응력을 기준으로 다양한 구조시스템의 종류와 그 힘의 전달방식을 살펴본다.

기본응력구조시스템 Structure Systems with Basic Single Stress

먼저 힘을 축방향으로 직접 전달시키는 수직구조부를 살펴보자. 하중과 반력이 부재 길이방향을 따라 형성될 때는 순수 인장응력만 작용하는 구조시스템, 혹은 순수 압축응력만 작용하는 기둥과 같은 구조시스템이 구성될 수 있다. 이들 구조시스템의 대표적인 예를 그림으로 나타내었다.

또한 구조시스템은 동일한 응력을 활용하는 선형의 부재와 면형의 부재로 다양화 될 수 있다. 이 경우에도 응력이 동일하기 때문에 구성득성은 유사하나 면재의 경우는 선재와 달리 힘이 입체적으로 전달되게 된다.

인장응력을 발휘하는 수직구조부를 보면 선재인 인장재와 면재로 만든 세로 막 모두 당겨지면서 직선형의 형태특성을 가지며, 인장강도를 가진 재료가 요구된다. 연성재료이든 강성재료이든 관계없이 인장응력을 발휘할 수 있을 것이다. 마찬가지로 압축응력을 발휘하는 세로부재는 압축강도를 가진 재료를 이용하여 직선형의 형태를 가지게 되는데, 선재는 기둥과 같은 모양이고 면형은 벽과 같은 모양이 될 것이다. 그런데 재료는 반드시 강성재료여야 한다.

3

인장기둥

4

압축기둥

	인장 tension	압축 compression	휨 flexure
선 재 line			–
면 재 surface			–
입면형태 profile	직선형	직선형	–
재 료 material	인장강도 연성 / 강성	압축강도 강성	–

이렇듯 각 구조시스템은 작용하는 힘과 짜여진 구성에 따라 정해진 응력을 발휘하기 위해 적절한 재료와 형태를 갖추어야 한다. 구조시스템을 내부의 응력상태에 따라 구분하고 인식하면, 해당 구조시스템의 재료나 형태 특성을 비롯한 여러 구성특성을 힘의 원리와 함께 동시에 파악하는 것이 가능할 것이다.

수평구조부는 가운데에 작용하는 하중을 우회시켜 양 지지점에 있는 수직구조부로 옮기는 부분으로, 공간을 만드는 주요 구조부이다. 그러므로 구조시스템의 종류가 보다 다양해지고 고려사항이 더욱 증가하게 된다. 여기에도 기본응력인 인장, 압축, 휨을 기준으로 삼을 수 있겠는데, 역시 선재를 이용한 구조시스템을 기본으로 하여 이와 동일한 원리가 면재를 활용함으로써 입체적으로 확장되어 나간다.

인장응력만으로 가운데 하중을 양 끝으로 옮기는 구조시스템은 현수교를 상상하면 쉽게 이해할 수 있다. 건축에서도 이런 원리를 이용하는 경우가 있는데 현수구조, 혹은 강재 케이블로 주로 만들어지므로 케이블구조라고 불린다. 인장응력만이 발휘되게 하기 위해서는 입면의 모양이 늘 힘에 의한 형태를 취해야 하기 때문에 곡선형(연력도형)을 보인다. 같은 당김 원리가 활용된 면형의 구조시스템이 바로 막구조이고 이 막이 좀 헐겁게 짜여진 것이 바로 케이블 네트구조이다.

압축응력만을 활용해 공간을 만들어내는 구조시스템에는 대표적으로 아치가 있다. 아치 하면 반원형에 가까운 곡선이 떠오르는데, 인장구조와 마찬가지로 역시 연력도형을 따르는 것이다. 이 원리가 면형으로 확장된 것이 볼트이다. 압축구조시스템은 아치나 볼트에서 알 수 있듯이 반드시 압축강도를 가진 강성재료만이 사용가능하다.

5

인장구조시스템, 독일_ 칼스루헤 유리파홀 연성재인 케이블을 이용했고 유려한 현수곡선을 보인다.

	인장 tension	압축 compression	휨 flexure
선 재 line	현수구조 	아치 	보 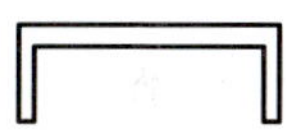
면 재 surface	케이블네트/막구조 	볼트 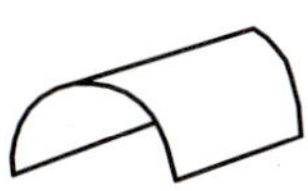	그리드 보, 슬래브 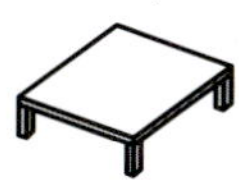
입면형태 profile	연력도형(곡선형)		비연력도형(직선형)
재 료 material	인장강도 연성	압축강도 강성	인장강도/압축강도 강성
효 율 efficiency	높음 ⟵	⟶	낮음

기본응력구조시스템 – 수평구조부

휨응력을 이용하는 선형의 구조시스템 중 가장 간단한 것은 직선형의 보구조이다. 휨구조시스템은 앞의 두 구조시스템과 달리 힘에 의해 곡선형을 띠지 않아도 되기 때문에 형태를 자유롭게 할 수 있다. 다만 인장과 압축 두 가지 능력을 모두 가진 재료가 사용되어야 하고 압축강도가 요구되는 부분이 있기 때문에 강성재료의 사용이 필수적이다. 휨응력을 발휘하는 면형 구조시스템은 바닥판 슬래브구조이다. 슬래브구조는 양 방향으로 휨응력을 전달하는 구조방식이며 이를 좀 헐겁게 하여 보를 양 방향으로 짜놓은 것이 그리드 구조시스템이 된다.

이들이 인장, 압축, 휨이라는 기본응력을 사용한 구조시스템으로 가장 기초적인 구조시스템의 기본형이라고 할 수 있다. 각 응력의 성질에 따라서 이들 구조시스템에는 사용할 수 있는 재료와 형태 등이 주어지는 것을 알 수 있는데, 이로 인해 구조시스템의 근본적인 효율의 차이를 보이게 된다. 이미 2장에서 살펴봤듯이 압축과 인장을 함께 발휘해야 하는 휨구조시스템보다는 압축구조시스템이, 그리고 좌굴이 존재하는 압축구조시스템보다는 순수 인장구조시스템이 힘을 저항하는데 효율이 높다. 이런 이유로 대형 공간구조물에서 막구조나 아치형 구조가 다수 활용되고, 장스팬을 가지는 것이 무엇보다도 중요한 대형교량들에서 케이블 현수구조를 자주 볼 수 있는 것이다.

압축구조시스템 독일 베를린_ 상공회의소 대형 아치에 모든 층을 인장기둥으로 매달아 1층 내부에는 기둥이 없다. 아치는 강성재인 철골부재이고 높이가 매우 높은 포물곡선을 보이고 있다.

6

7

휨구조시스템 미스의 크라운 홀 철골 형강으로 직선형의 보를 만들어 수평성을 강조하고 있다. 휨구조를 이용하여 모더니즘을 표현한 예

복합응력구조시스템 Structure Systems with Multiple Stresses

이제까지는 하중을 우회시키는 수평구조부에 하나만의 응력을 활용하는 구조시스템에 관하여 살펴보았다. 더 나아가 꼭 한 가지가 아니라 여러 응력을 복합적으로 활용하는 구조시스템이 있다. 이것을 여기서는 복합응력구조시스템이라 하여 살펴보고자 한다.

기본응력구조시스템은 원리가 단순한 만큼 그 구성원리나 특성도 간단하고 변화시킬 수 있는 범위가 그다지 넓지 않다고 할 수 있다. 그러나 이 복합응력구조시스템은 조합과 변형을 통해 얻어지는 것이므로 구성의 다양화가 가능하고 창의적 개발의 대상이 된다. 점차 건축디자인과 구조에 대한 요구조건이 복잡해지면서 구조시스템도 복잡화, 다양화되어가고 있는데, 이에 대해 새롭게 개발되고 활용방법이 강구되고 있는 구조시스템들이 이 복합응력구조시스템에 속한다고 할 수 있다.

기본응력으로 취급했던 인장, 압축, 휨응력, 이 세 가지를 서로 복합할 수 있는 모든 경우를 살펴보기로 하자. 먼저 인장과 압축을 복합(인장+압축)하여 사용하는 경우를 생각해보자. 막대와 같은 부재를 그림과 같이 삼각형으로 조합하면 막대부재들의 일부는 인장응력만이 작용하는 부재가 되거나 혹은 압축응력만이 작용하는 부재가 되어 하중을 전달한다. 이것을 트러스구조라고 부른다. 트러스구조에는 다양한 종류가 있는데, 어떠한 것이든 인장이나 압축부재 두 가지를 조합하여 만들어낸다.

그러므로 만일 똑같은 재료로 트러스 전체를 만들고 싶다면 재료는 반드시 인장과 압축능력이 모두 있는 재료를 선택해야 할 것이다. 만일 인장과 압축을 별개의 재료로 사용할 예정이라면 해당 응력이 발생하는 곳을 찾아서 각기 능력이 다른 재료를 사용하는 것도 가능할 것이다. 이러한 조합은 힘이 흘러가는 원리에 따라 부재를 잘 배치해야 가능할 듯하다. 그 세부

	인장 + 압축 tension + compression	
선 재 line	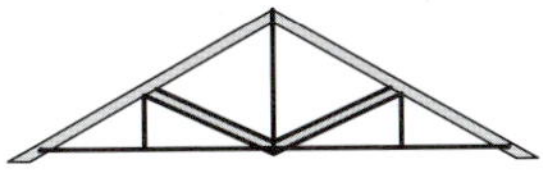 왕대공트러스	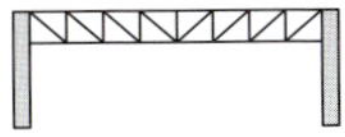 프랫트러스
면 재 surface	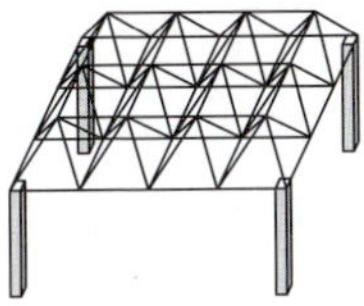 입체트러스	
입면형태 profile	비연력도형(직선형)	
재 료 material	인장 및 압축강도 강성/연성	

8

트러스구조시스템 일본 오사카_ 간사이공항 곡선형의 트러스구조를 이용해 대공간을 이루면서도 리드미컬한 내부공간을 보이고 있다.

인장 + 압축의 복합응력구조시스템

적인 구성원리는 6장에서 고찰하기로 한다.

이번에는 휨응력에 인장이 복합되거나 휨응력에 압축이 복합되는 경우를 생각해보자. 하나의 부재 내에서 순수한 휨응력이 아닌 휨응력과 인장응력, 휨응력과 압축응력이 동시에 존재하게 하는 구성이 있다. 그것은 옆의 그림처럼 직선형이던 휨부재의 입면형태를 순수인장구조나 순수압축구조의 입면형태와 유사하게 변화시키는 것이다.

순수응력구조의 형상을 좇아가면 좇아갈수록 휨모멘트는 줄어들고 그 형상으로 인한 축력이 지배적으로 작용한다. 그리고 순수응력구조의 성질이 나타나게 된다. 실제로 대형공간 건축물에서 휨모멘트를 줄여 구조효율을 높일 목적으로 이러한 입면형태를 많이 사용하고 있다. 가장 많이 사용하는 산형보의 경우를 생각해보면 중앙부 한 지점을 접어 올림으로써 직선형의 보구조보다 휨모멘트가 1/4로 감소하니, 생각보다 매우 효과적인 구조시스템이다. 휨모멘트가 감소하는 대신에 압축응력구조시스템을 따라갔으므로 압축응력이 증가하긴 한다. 이 원리가 면형으로 활용되어 연속되면 절판구조라고 불리는 구조시스템이 되는 셈이다.

이와 달리 휨부재와 인장부재 혹은 압축부재가 조합되어 나타나는 구조시스템도 있다. 예를 들어 휨부재가 아래로 처져 휘려고 하는 것을 인장재로 잡아당겨 돕는 경우는 달림형 보구조라 칭하는데, 인장부재로 힘을 덜어주면서 휨모멘트의 발생을 훨씬 줄게 한다. 스팬이 긴 다리 등에서도 자주 볼 수 있는데, 경사지게 당겼다고 해서 사장구조라고 불리기도 한다.

반대로 압축부재를 조합하는 경우는 휨재를 아래에서 받쳐 휨모멘트 감소를 꾀하고 힘을 압축부재로 옮겨오는 방식이다. 버팀대구조 또는 트리구조라고 불리기도 한다. 휨재에 인장부재뿐만 아니라 압축부재도 함께 사용하여 아래에서 인장재로 들어 올리는 구조시스템도 있다. 들림형 보구조라고 불리는데 역시 많은 사례를 볼 수 있다.

하나의 부재 안에서 벌어지는 복합응력

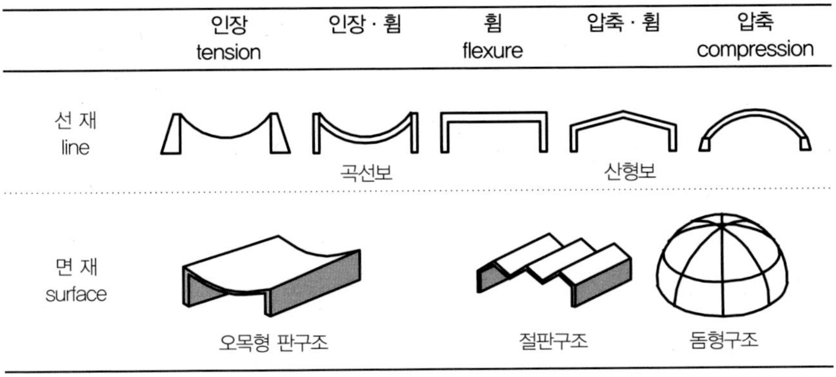

휨부재와 인장 혹은 압축부재의 복합구조시스템

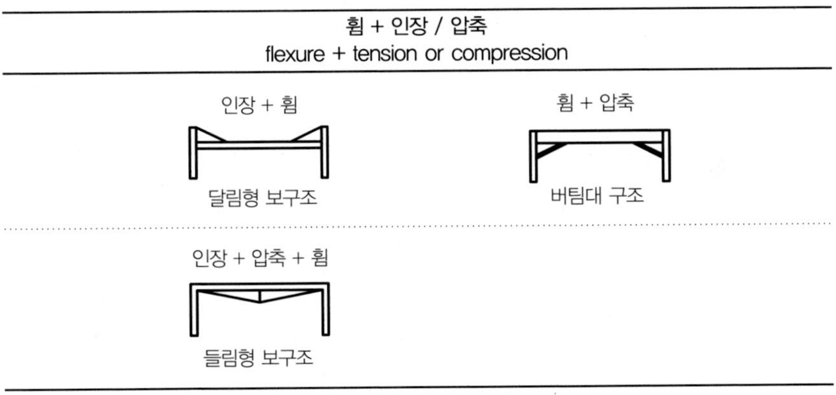

휨 + 인장, 휨 + 압축의 복합응력구조시스템

휨구조시스템은 앞서 살펴본 것처럼 구조효율이 떨어진다. 가능한 압축이나 인장응력을 복합 사용하여 휨응력을 감소시키는 것이 이러한 복합응력구조시스템의 목표라고 할 수 있다. 그리고 여기서 언급한 구조시스템들은 응력을 복합적으로 활용하는 여러 방법 중에 단지 전형적인 예를 보인 것뿐이다. 실로 복합응력구조시스템에는 디자이너나 기술자의 고안에 따라 휨모멘트의 힘을 축력부재로 덜어오는 수많은 방법이 있으며 의도하는 형태와 기능에 따라 적극적으로 변화될 수 있다. 그래서 여기부터는 구조시스템의 명칭을 무어라 정해 부르기 어려운 점이 있으며, 그런 이유로 이러한 복합구조시스템을 하이브리드(hybrid)구조라고 총칭하는 사람들도 있다.

언제나 무엇이든 복합하고 조합하며, 또 섞어나가면서 새로운 것을 만들어내기 마련이다. 중요한 것은 어떠한 힘이 조합되는 것이냐이다. 매우 복잡하게 얽혀 있는 첨단 구조시스템도 뜯어보면 인장, 압축, 휨의 복합체이다. 그리고 이미 건축에서 구조를 취급하는 방식에 있어서 정해지고 용어가 알려진 구조시스템을 답습하며 쫓아가는 시대가 아니라는 것이다. 힘을 순수하게 이용하든 조합하든, 원하는 건축물을 '힘을 다뤄서' 표현해내는 것이 곧 구조시스템의 계획이자 더 나아가서 건축계획이라는 것이다. 그러므로 이 기본응력의 구조시스템 원리를 잘 이해하고, 세 가지 응력이 엮여지는 방식에 따라 구조시스템의 특성을 파악하는 것이 도움이 될 것이라 여겨진다. 특히 우리는 다음 6장에서 이 기본응력구조시스템에 대하여 힘의 원리를 보다 깊이 살펴봄으로써 세 가지 기본 응력의 특성을 분명하게 이해할 것이다.

여기서 이 복잡한 구조시스템들을 다시 한번 살펴보기를 원한다. 앞서 여러 구조시스템을 이리저리 분류하며 살펴보았지만, 이번에는 다음 페이지의 그림과 같이 통합하여 생각해보자. 먼저 왼편 가운데에 휨재에서 벌어지고 있는 응력상태를 중심으로 보자. 보 안에서 아치형과 같은 압축곡선과

9

10

버팀대구조 독일_ 슈투트가르트공항 그리드 지붕에 버팀대를 추가한 휨+압축 구조시스템. 마치 숲에 있는 듯하다.

달림형 보구조 제주 서귀포_ 월드컵경기장 역동적인 외관 디자인을 의도한 휨+인장 구조시스템

11

들림형 보구조 일본 동경_ 하네다공항 내부공간에 노출된 들림형 보구조. 휨+인장+압축 구조시스템

휨 + 인장, 휨 + 압축 복합응력구조시스템

현수선과 같은 인장곡선이 함께 나타나고 있는 것을 알 수 있다. 이렇게 휨재는 두 가지 응력을 함께 저항하게 한 것이지만, 그것을 단독으로 떨어뜨려 저항하게 한 것이 순수응력구조시스템인 현수구조와 아치임을 알 수 있다. 휨구조까지 포함하여 이 세 가지를 기본응력구조시스템으로 파악한 것이다.

그리고 나머지 복합응력구조시스템들도 각기 하나의 휨부재 범위 안에 있는 것이라 생각해보자. 가운데 보를 중심으로 현수구조 쪽은 주로 인장을 활용한 방식들을 나열하였고, 아래 아치 쪽으로는 압축을 활용한 방식들을 나열하였다. 보의 주응력도에서 흘러가던 응력선을 따라 인장이 필요한 부분에는 인장부재를, 압축이 필요한 곳에 압축부재를 선택적으로 배치한 것이 이들 복합응력구조시스템이라는 것을 알 수 있을 것이다.

즉, 모든 복합응력구조시스템들은 하나의 휨재에서 발휘하고 있던 응력상태를 집약적으로 부재를 분리 배치하여 힘을 전달하고 있는 것이다. 물론 구조시스템별로 세세한 지지조건이나 구성방식이 다른 것은 사실이지만, 넓은 시각으로 보면 수직하중을 수평으로 우회시켜 공간을 만들어내는 수평구조부의 구조원리는 보에서 보여주는 힘의 원리와 동일한 하나의 개념으로 이해될 수 있을 것이다.

하나의 보로 해결될 수 있는 구조시스템을 여러 복합응력구조시스템들과 같이 복잡하게 구성하는 이유는, 간단히 말해 힘의 흐름을 집약적으로 해서 휨재에서 불필요한 부분을 삭제하고 자중을 줄이려고 하는 시도이다. 또한 단일부재가 아닌 부재의 조합을 통해 커다란 구조부재의 시공을 가능하게 하려는 의도도 있다. 이런 이유로 트러스나 복잡한 복합응력구조시스템들을 휨재의 '개선된 단면(improved section)' 이라고 부르기도 하는 것이다. 재료량이나 체적감소 등에 있어서는 단순보 구조보다 뛰어난 효율을 자랑하는 구조시스템들이다.

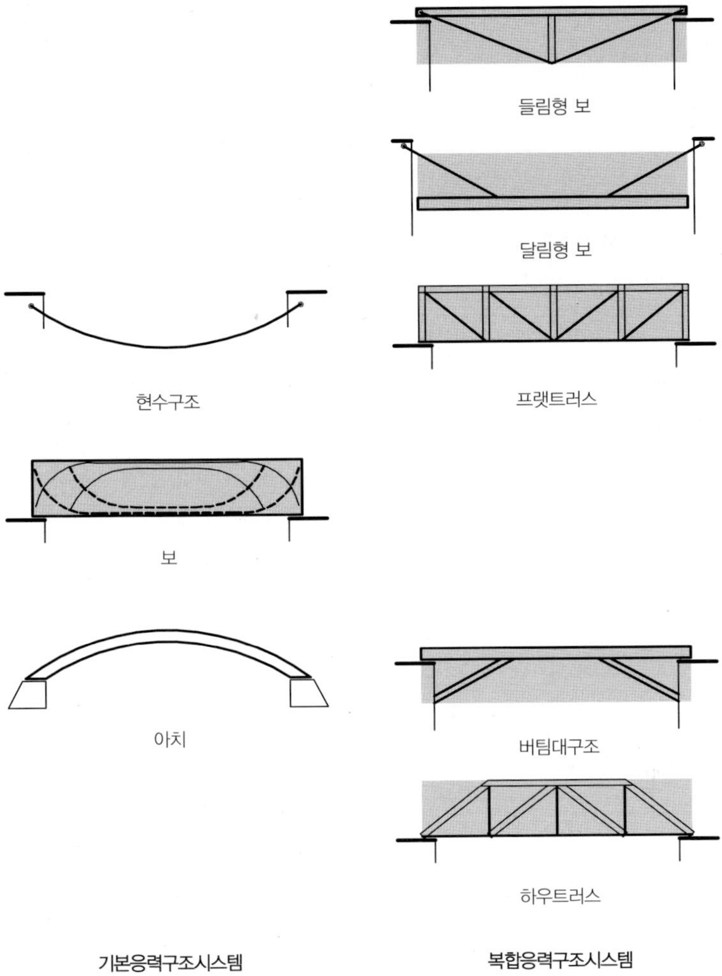

구조시스템은 유사한 원리로 이해될 수 있다.

그러므로 구조시스템의 원리는 간단하고 실은 하나이다. 이 전체적 맥락을 이해한 가운데 우리는 구조체를 보다 집약적으로 활용하고 건축의 기능과 형태를 만족시키기 위해 활용할 수 있다.

안정 구조시스템
Sway Resisting Structure Systems

이제까지 하중을 전달하는 구조시스템에 대하여 생각해 보았는데, 이것은 어디까지나 골조가 안정되어 있을 때의 이야기다. 구조체에는 수직하중만 작용한다 하더라도 구조부재에 작용하면서 일부 수평방향으로 밀리는 힘이 작용하기도 하고, 건축물에는 근본적으로 바람이나 지진 등 수평하중이 작용한다. 따라서 구조시스템에는 하중을 수직방향으로 전달하는 방식을 고민하는 것 외에도 수평방향으로 작용하는 하중에 대해 안정을 확보하는 방식을 결정하여야 할 필요가 있다. 1장에서 설명한 바 있는 안정조건이 기본적으로 요구되기 때문이다.

골조에서 안정을 확보하는 방법은 골조가 하중을 받는 과정에서 원래의 골조 짜임 형상을 그대로 유지하게 하면 되는 것이다. 대표적으로 세 가지 방법이 활용되고 있는데, 먼저 골조가 직사각형의 모양을 잃어버리지 않도록 접합점을 견고하게 해주는 것이다. 즉, 일체가 되어 함께 휨에 저항하며 모양을 유지할 수 있도록 접합점을 강하게 접합(강접, 모멘트 접합)하는 것이다. 일체로 만들기 쉬운 콘크리트 골조에서는 늘상 사용되는 것이고, 철골에서는 이를 위해 용접을 하거나 고력볼트로 여러 곳을 강하게 접합하는 방법을 취한다. 그러나 근본적으로 일체화를 기대하기 어려운 목조 같은 구조에서는 잘 쓰이지 않는 방법이다.

또 다른 방법으로는 직사각형 모양을 유지시킬 수 있도록 대각선 부재

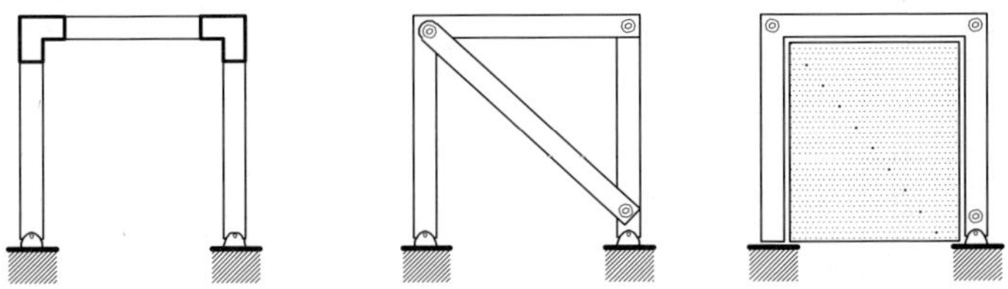

고정접합 가새배치 전단벽

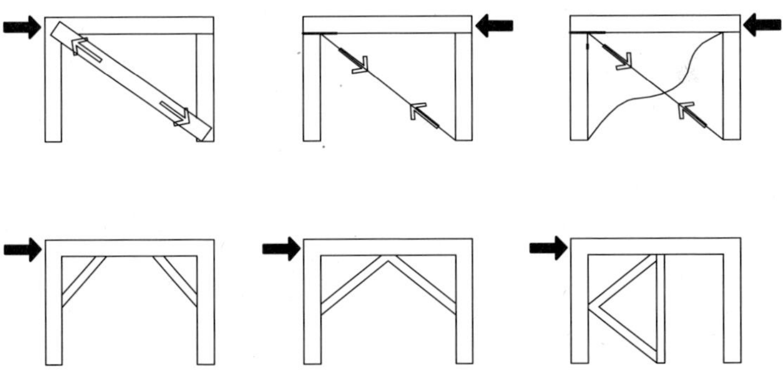

다양한 안정 구조시스템

구조시스템의 안정성 확보방식

를 삽입하는 것이다. 그림과 같이 하나의 대각선 부재를 삽입했다고 생각해 보자. 횡하중의 방향이 바뀔 때마다 인장과 압축으로 거동이 변화하며 직사각형의 모양을 유지시켜 줄 것이다. 두 개를 배치하면 어느 경우에나 인장으로 거동하며 작은 체적으로 여러 방향의 횡하중에 저항해 줄 것이다. 그래서 흔히 볼 수 있는 안정부재가 바로 X자 모양의 가새(brace)라고 불리는 부재이다. 가새를 설치하면 벽 전체를 개방할 수 없기 때문에 가끔 귀퉁이만을 잡아주는 경사부재를 사용하기도 한다. 버팀대 혹은 Knee-브레이스라고 불리기도 한다.

이 가새를 촘촘히 정사각형 면 가득 만들어 넣었다고 생각해보면 아주 튼튼하게 수평하중에 대해 저항할 수 있을 것이라는 생각이 든다. 이 방법이 직사각형 면 전체에 벽을 설치하는 것이다. 가장 강력한 지지구조체가 될 것인데, 이 벽은 수평하중을 받았을 때 그림과 같이 변형되려고 하면서 하중에 저항할 것이다. 앞서 응력의 종류에서 보았던 전단변형의 다이어그램과 동일하지 않은가. 이 벽이 주로 전단력에 저항하는 벽임을 알 수 있다. 그래서 이러한 기능을 가진 벽체를 우리는 전단벽(shear wall)이라고 부른다.

잊지 말아야 할 것은 골조는 평면적인 대상이 아니고 입체물이라는 것이다. 수평하중도 3차원으로 작용하므로 어느 한 방향만의 안정을 고려해서는 안 된다. 그래서 실제 구조물에는 건물의 종방향과 횡방향, 그리고 바닥판의 수평면까지 세 방향의 안정시스템이 마련된다. 콘크리트 슬래브 바닥을 가지고 있는 건물은 수평면의 안정에 대해 그다지 심각하게 고려하지 않아도 될지 모른다. 그러나 가벼운 패널같은 재료로 되어 있는 골조는 별도의 저항구조를 고안해야 할 때가 많다. 건물의 측면방향으로 고려해야 하는 안정시스템에 대해서도 어떠한 부재를 이용해 어떻게 배치를 하는 것이 좋을지 면밀히 검토해야 한다. 특히 전단벽이나 가새의 배치는 공간활용에

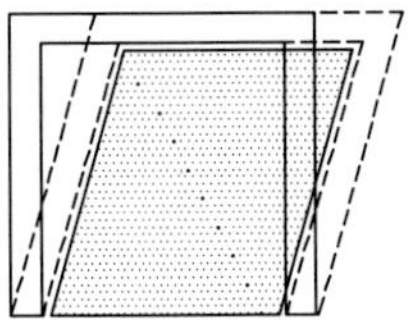

전단벽의 거동

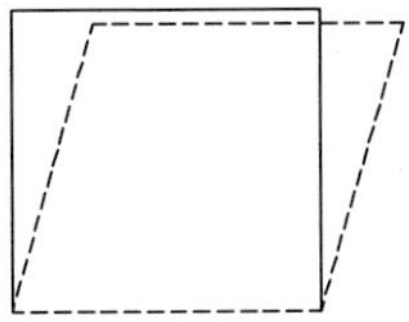

전단변형

12

홍콩_ 차이나 뱅크

13

일본 동경_ 프라다 빌딩

안정구조가 이미지로 사용된 예

도 영향을 미치므로 대형건물의 경우에는 건물의 초기 계획단계에서 심도 있게 고려되어야 한다.

대칭으로 놓여져 있는 건물의 코어부분에만 전단벽을 배치할 수도 있고, 혹은 건물의 외측 가장자리에만 배치할 수도 있을 것이다. 뿐만 아니라 이러한 안정부재들을 건물의 이미지 결정요소로 활용하는 건축가들을 빈번히 만나기도 한다. 또한 간혹 수직하중을 전달하는 구조체와 안정 역할을 하는 구조체를 동일한 부재로 설정하여 디자인하기도 한다. 안정구조시스템 역시 건축의 형태와 공간과의 관계를 면밀히 고려하여 선택되는 구조시스템인 것이다.

좀 더 읽어보기

- Heino Engel, "Structure Systems", Gerd Hatje Publishers, 1997.
- D. L. Schodek, "Structures", Prentice-Hall Inc, 1980.
- W. Schueller, "The Design of Building Structures", Prentice-Hall, 1995.
- W. Schueller, "Horizontal-Span Building Structures", John Wiley & Sons, 1983.
- W. Schueller, "The Vertical Building Structures", Van Nostrand Reinhold, 1990.
- T. Y. Lin, S. D. Stotesbury, "Structural Concepts and Systems for Architects and Engineers", Van Nostrand Reinhold, 1988.
- A. J. Macdonald 저, 유우상 · 이수권 · 최상민 역, "건축의 구조와 디자인", 시공문화사, 2003.
- F. D. K. Ching, "Building Construction Illustrated", John Willy & Sons, 2008.
- F. Moore, "Understanding Structures", McGraw-Hill, 1999.
- 이주나 · 박찬수, "건축구조시스템의 형식과 구성요소분석", 대한건축학회연합회논문집, 4권 4호, 2002. 11., pp.103-110.

Chapter 6

구조시스템의 구성원리

Principles of Structure Systems

6 | 구조시스템의 구성원리
Principles of Structure Systems

인장구조시스템
Tensile Structure System

인장구조시스템은 앞서 설명한 기본응력구조시스템 중 하나로 인장응력만을 이용하여 저항하는 구조시스템을 말한다. 인장응력은 가장 단순하게 이해할 수 있는 힘으로, 물체를 양쪽에서 당기면 그 물체 내부에서 발생한다. 인장응력을 활용하는 구조시스템은 어떠한 구성과 특성을 가지는지 살펴보자.

그림처럼 무게가 있는 끈, 즉 체인을 양쪽에서 고정되게 하고 늘어뜨린다. 체인의 자체무게로 인해 끈은 늘어지고 당겨지는 힘이 발생하며, 양 끝단에서는 그 당겨지는 힘을 버티게 될 것이다. 체인은 바닥으로 떨어지지 않고 체인의 무게는 늘어진 곡선을 통해 양쪽 끝단으로 옮겨진다. 이것이 인장응력을 이용해 힘을 우회시키는 가장 기초적인 구조시스템이다. 실제 건축구조에서 이 체인은 강철 케이블이나 얇은 강재로 바뀌어지고, 그 위에 건물 지붕이 되는 재료들이 놓이게 된다. 구조체나 마감재의 무게, 또는 눈과 바람과 같은 하중들이 인장응력에 의해 양 끝단의 지지점으로 옮겨지고 아래에는 공간이 만들어진다.

여기서 인장응력이 발휘되기 위한 필수적인 조건은 부재의 형상이다. 체인을 늘어뜨렸을 때를 상상해보면 알 수 있듯이, 인장력에만 저항할 수 있는 부재는 힘을 우회하도록 걸쳐졌을 때 그림에서 보이는 곡선형 외에 다

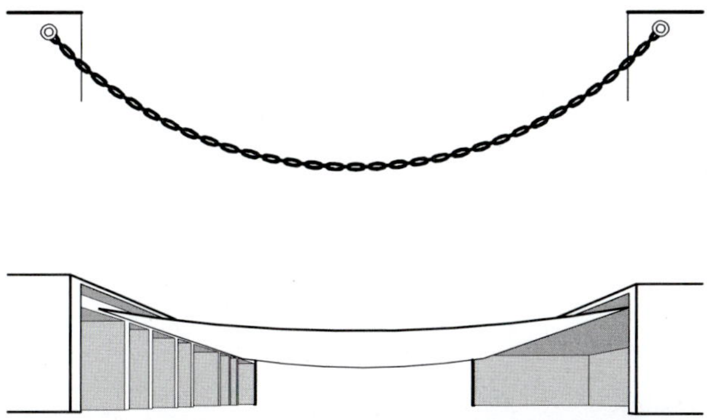

리스본-포르투갈 파빌리온(알바로 시자 설계)

인장응력을 이용하는 인장구조시스템

른 형태를 취할 수 없다. 이것이 부드러운, 즉 강성 없는 부재가 수평으로 놓여졌을 때 중력에 반응하는 본능적인 방법이다.

체인은 같은 무게를 가진 고리가 연결되어 있는 것이고, 그 고리의 무게로 인해 부드러운 곡선을 보이며 늘어지지만, 이번에는 그 '부드러운(형태가 쉽게 바뀔 수 있는)' 부재에 하나의 무거운 하중이 걸렸다고 생각해보자. 부재는 역시 당겨지면서 옆의 그림과 같이 형태를 바꿀 것이다. 하중이 여러 개 매달리거나 위치를 바꾸면 인장응력을 발휘하기 위하여 하중에 따라 시시각각 부재형태가 바뀌게 된다. 즉, 형태가 바뀌어야만 당겨지는 인장응력이 발휘될 수 있다는 것이다. 이것이 인장구조시스템이 가진 형태와 관련된 매우 주요한 특성, 이른바 '형태저항(form-active)' 특성이다.

이렇게 주어지는 하중에 따라 변화하는 형태를 힘의 흐름을 나타낸다는 뜻인 연력도(連力圖) 형태, 혹은 밧줄이라는 뜻의 라틴어(funis)에서 유래된 퍼니큘라(funicular) 형태라고 한다. 인장구조시스템의 연력도를 좀 더 살펴보자. 무거운 하중의 개수를 증가시키면 부재는 하중 사이로 직선을 가지는 다각형이 된다. 이 형태를 연력도 다각형(funicular polygon)이라 한다.

여기서 매달린 하중이 촘촘히 증가하면 연력도 다각형은 그 직선간의 거리가 줄어들고 점차 유연한 곡선에 가까워질 것이다. 동일한 하중을 매우 촘촘히 고르게 걸면 하중조건은 앞서 예시한 체인의 경우와 유사해질 것이며 부재형상 역시 체인과 유사한 연력도 곡선(funicular curve)을 보이게 될 것이다. 이렇듯 부재 자중과 같이, 동일한 하중이 부재를 따라 고르게 작용하는 경우 나타나는 곡선이 바로 현수곡선(catenary)이다. 동일한 하중이 연속된다고는 하나 하중이 부재를 따라 작용하는 것이 아니라 일정 거리 아래로 떨어져서 수평을 유지하며 작용하는 경우는 그 형태의 양상이 조금 달라진다. 이때 부재는 포물선(parabola)을 이루게 된다. 인장구조의 가장 기본적인 연력도 형태인 포물선과 현수선은 시각적으로는 매우 유사한데, 두

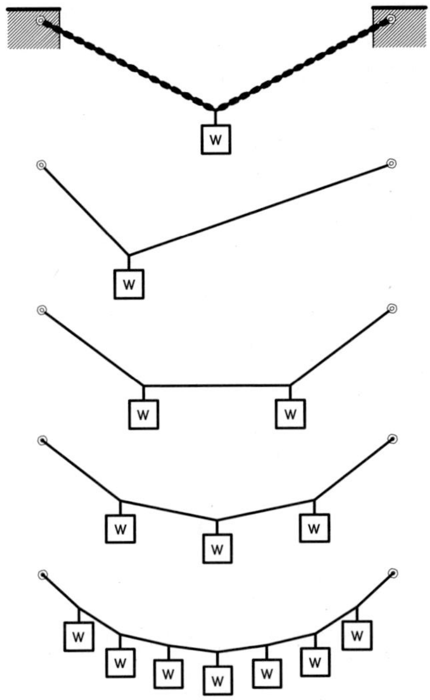

연력도 다각형

케이블에 하중을 걸면 하중에 따라 형태가 바뀐다.

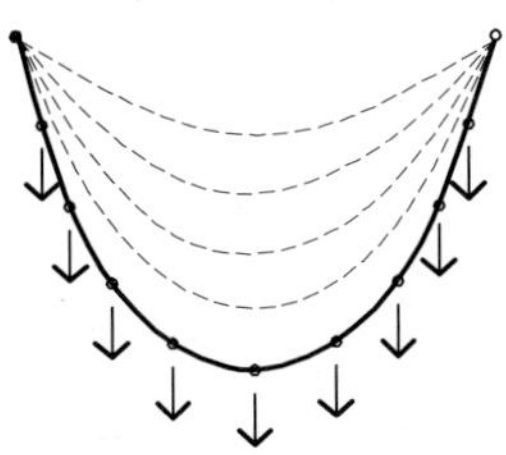

부재 자중에 의한 곡선
현수곡선(catenary)

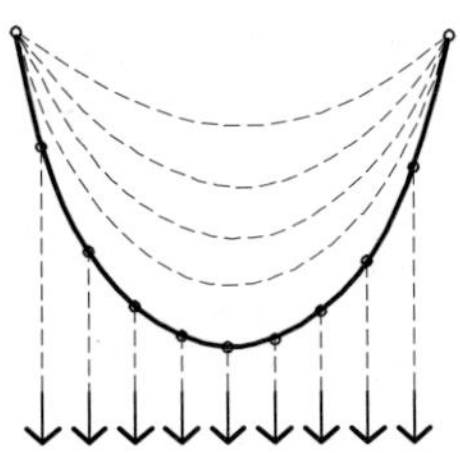

연직 등분포하중에 의한 곡선
포물곡선(parabola)

형태저항구조의 특성

개의 곡선을 겹쳐보면 약간의 차이점을 알 수 있다.

현실에서 가장 많이 볼 수 있는 인장구조시스템의 형태는 현수교에서 보여지는 것과 같은 포물곡선인데, 그것은 현실에서는 균일한 하중이 등간격으로 배치되는 경우가 대부분이기 때문이다. 그 중 현수교의 케이블이 보여주는 곡선은 자기 자신의 무게로 인해 그리게 되는 현수곡선과 수평으로 고르게 배치된 다리상판의 하중으로 인한 포물선의 형태조합으로 이루어진 것임을 짐작할 수 있다.

인장응력은 구조부재의 체적을 가장 적게 요구하는 효율 높은 힘의 상태이다. 따라서 높은 구조능력이 요구되는 장스팬 교량이나 대공간 건축물 등에 다수 활용되는 것을 볼 수 있다. 실제 각각의 구조물들은 주어진 하중조건에 따라 여러 연력도 형태를 취한다. 그리고 동시에 이 형태저항 특성 때문에 불안정한 성질을 보이기도 한다. 그러므로 실제 건립되는 구조물에서는 그 연력도 형태를 유지하기 위한 여러 대안이 마련되어 있기도 하다.

인장구조시스템에서 부재가 아래로 늘어져 형태가 변화하면, 그로 인해 지지점에서는 수평방향으로도 힘이 발생된다. 옆의 그림을 보자. 아래로 늘어진 인장부재를 따라서 힘이 당겨지게 되므로 지지점에는 각 a를 두고 경사지게 힘이 작용하게 된다. 경사진 인장력 T는 수직성분(T sin a)과 수평성분(T cos a)의 힘으로 나누어지므로 지지점에서는 구조를 위로 받치고 있는 수직방향의 반력 외에도 수평방향으로도 저항이 필요하다는 것을 알 수 있다. 만일 저항되지 못하면 인장구조는 안으로 몰려들어 정상적인 구조물이 될 수 없을 것이다. 이것이 형태저항구조의 지지점에서 발생하는 추력(推力, thrust)이라는 힘이다.

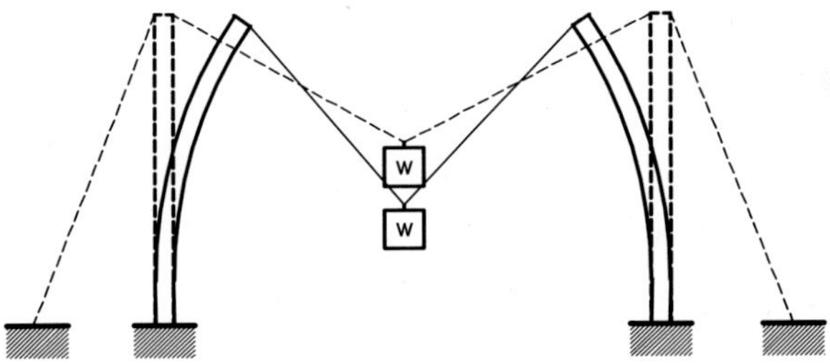

추력에 의한 인장구조의 변형

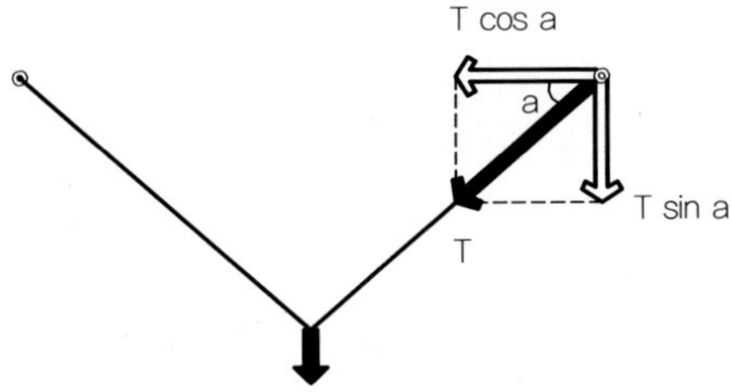

인장부재가 아래로 늘어지면 수평추력이 일어난다.

인장구조시스템의 특성

인장구조시스템을 완성하기 위해서는 추력에 반드시 저항하여야 하기 때문에 이에 저항하는 다양한 방법이 있다. 많은 사례에서 안으로 당겨지는 추력에 대항하여 반대방향으로 당기는 방식을 사용하기도 한다.

추력과 부재내 인장응력의 크기를 변화시킬 수는 없을까. 다시 그림을 보자. 인장부재가 처져 내리는 각도(a)를 변화시켜 보았다. 수직방향과 수평방향의 분력을 그림으로 표현하면 쉽게 이해될 수 있는데, 경사가 커질수록 인장부재 자체에 흐르는 응력(T)이 줄어들고, 수직방향으로의 분력은 동일하지만 수평방향의 분력은 감소하는 것을 알 수 있다. 즉, 인장부재를 길게 늘어뜨려 처짐(sag)을 크게 만들면 부재응력이 감소하고 추력이 줄어들어 저항하기 쉬워진다는 의미이다. 반대로 부재를 줄여 당겨올리면 부재 내 응력이 증가하고 추력도 커질 것이다.

따라서 낮은 응력으로 구조부재의 힘을 덜어주고자 한다면 처짐을 키우고 부재길이를 증가시키는 것이 도움이 된다. 그러나 건축에서는 부재의 사용량이 증가하고 처짐이 깊어짐에 따라 하부에 사용가능한 공간이 줄어드는 문제가 있다. 우리가 사용하려는 건축은 지붕 아래의 적정 공간이 중요시 될 때가 많은데, 처짐을 깊게 한 경우 공간창출을 위해 양 지지점의 기둥높이를 과도하게 들어올려야 할 경우도 발생할 것이다. 그러나 구조능력만을 고려한다면 처짐을 키우는 것이 적은 부재로 많은 하중을 저항하게 할 수 있기 때문에 양 지지점의 기둥을 최대한 높이는 것이 해결책이 된다. 최대 경간을 자랑하는 현수교의 경우 주탑의 높이 확보가 교량의 구조능력을 대변하여 보이고 있는 것이다.

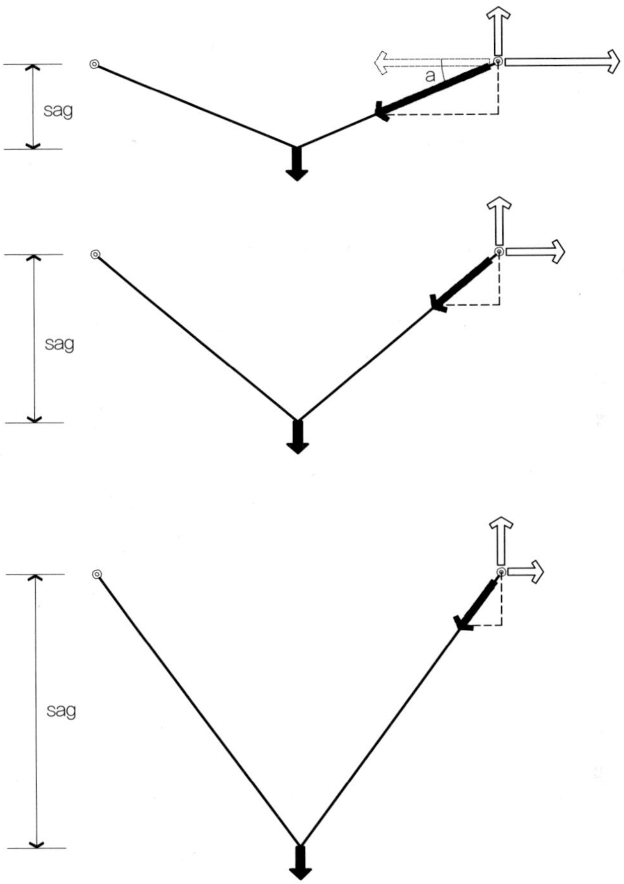

sag가 커질수록 인장응력이 줄어들고 수평추력이 감소한다.

sag의 변화에 따른 반력의 변화

압축구조시스템
Compression Structure System

이제 압축응력을 이용하는 구조시스템에 대하여 생각해보자. 인장력과 압축력은 앞서 살펴봤듯이 서로 반대되는 힘의 상태이다. 따라서 압축구조시스템은 인장구조시스템과 동일한 특성을 가지지만 정확하게 반대되는 구조원리를 가진다.

우리는 앞서 케이블과 같은 부재 중앙에 무거운 하중을 걸어 인장응력을 발휘하게 한 구조를 고찰했다. 반대의 원리를 가지는 압축응력구조는 마치 인장구조시스템을 거울에 비춘 듯 역전의 원리를 따른다. 다만 케이블과 같은 부드러운 부재는 압축응력을 낼 수 없다. 딱딱해져야 한다. 즉, 강성이 있는 부재가 필요하다. 이제 구조부재를 나무막대나 석재와 같은 것으로 바꿔 상상해야 할 것이다.

인장구조와 압축구조는 반대일 뿐 동일한 성질을 가지고 있다고 하는 것에 주목할 필요가 있다. 앞서 인장구조가 하중에 따라 그때그때 형태를 바꿔야만 저항할 수 있는 형태저항 특성을 가지고 있다면 압축구조에도 이 원리가 동일하게 적용될 것을 쉽게 예측할 수 있다. 순수 압축구조시스템 역시 하중에 따라 저항가능한 형태를 따라야 하는 형태저항구조이다.

그러나 딱딱한 구조부재에 하중을 가했을 때 형태가 바뀌어야 압축구조가 완성된다는 말은 언뜻 이해하기 어렵다. 그림에서 우리가 가정한 산형아치의 꼭짓점에 있는 하중을 옮겨 부재 중간으로 이동해보자. 산형아치는 아무런 어려움 없이 형태를 바꾸지 않고도 하중을 받아낼 수 있을 듯도 하다. 부재에 따라서 그럴지도 모르겠다. 그렇지만 이때 중간에 걸쳐진 하중에 저항하는 부재의 상황은 순수 압축상태가 아니다. 실은 휨응력으로 하중에 저항하고 있는 것이다. 보다 쉽게 이해하기 위해 이 부재가 모르타르

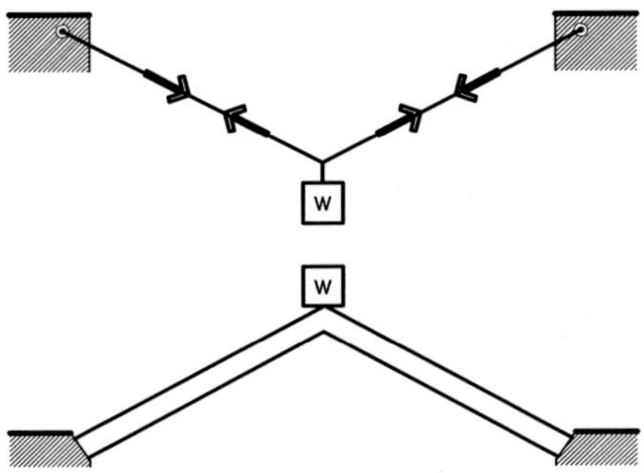

현수선을 역전시킨다.

인장구조와 압축구조는 반대이다.

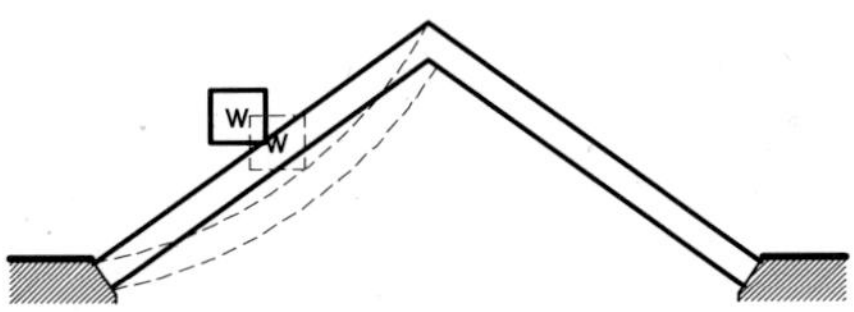

정해진 위치에 오지 않는 하중은 휨을 일으킨다.

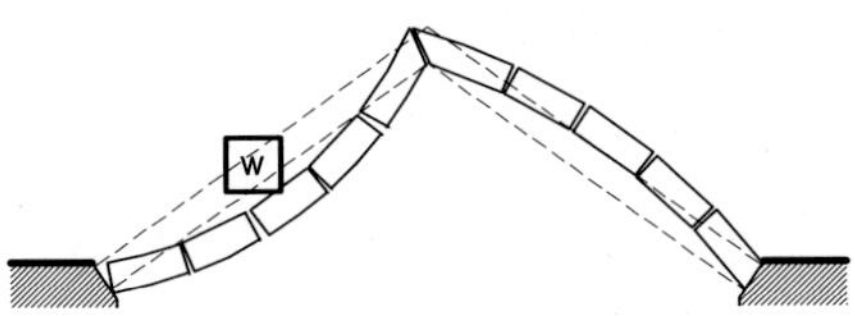

휘어지면 인장이 발생하는 부분이 있다는 의미

압축구조시스템이 성립되지 않는다.

압축구조시스템의 형태저항 특성

가 없는, 즉 순수하게 압축되었을 때만 배열을 유지하며 하중을 전달할 수 있는 조각들로 이루어졌다고 생각해보자. 부재 중간에 하중이 작용한다면 조각들은 하부에서 인장을 견디지 못하고 배열에서 이탈하여 구조는 붕괴될 것이다.

그렇다면 위치를 옮긴 하중에 대하여 순수하게 압축으로 저항하게 할 수 있는 방법은 없는 것인가. 간단히 답을 얻는 방법은 쉽게 형태를 바꾸는 케이블의 형상을 먼저 생각해보는 것이다. 그리고 그 형태를 역전시켜 그 모양 그대로 강성 구조체를 만들어보자. 옮겨진 하중을 압축응력으로만 저항할 수 있게 된다. 여러 개의 하중에 대한 형태 변화를 고려하면, 그림과 같이 압축구조시스템의 형태는 역시 연력도 다각형에서 점차로 연력도 곡선을 취하며 우리에게 익숙한 아치(arch)형상을 띠게 될 것이다.

이와 같이 압축구조시스템은 형태저항구조의 원리를 가지고 있어서 하중이 요구하는 형태를 취해야 압축구조체로서 저항할 수 있게 된다. 현실에서 대부분의 압축구조시스템은 자신의 무게를 포함하여 균일한 하중이 우세하게 작용하기 때문에, 인장구조시스템에서 현수구조를 다수 볼 수 있는 것처럼 압축구조에서는 그 역전된 모양인 반원형의 아치구조를 흔히 볼 수 있는 것이다.

형태저항구조를 생각할 때 항상 의구심이 드는 부분이 있을 것이다. 현실의 건축구조체에서 하중은 항상 균일하게 정해진 형상과 동일한 조건으로만 가해지는가. 물론 그렇지 않다. 부분적으로 작용하는 바람이나 눈과 같은 자연하중은 물론, 우리가 사용함으로 인해 발생하는 하중도 일정하지 않다. 따라서 현수구조나 아치구조에서는 가장 주도적으로 작용하는 하중으로 인해 형태를 결정하게 된 후, 부과되는 다른 유형의 하중에 대하여는 형태를 바꾸지 않은 채 저항하는 다른 방법을 고안하여야 한다.

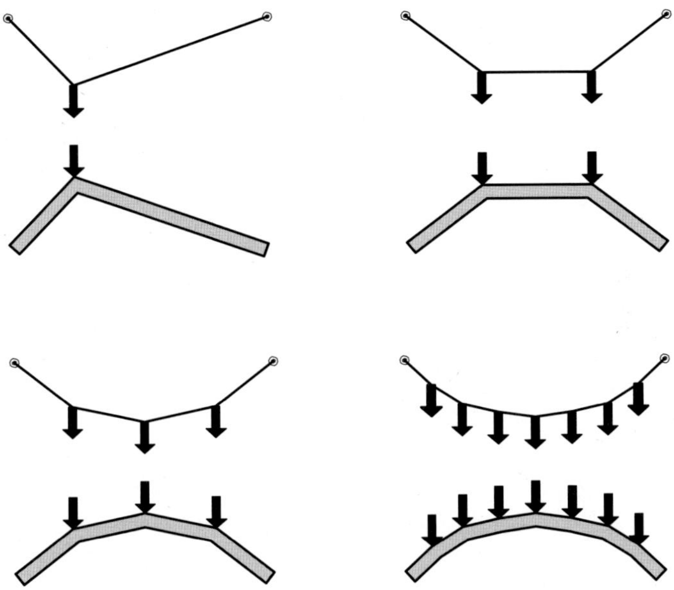

연력도 다각형

압축과 인장은 정반대이다.

인장과 압축의 역전원리

인장구조에서는 다른 보강재를 덧붙이기도 하고 마감재의 무게를 추가하기도 하여 형태저항에 따른 불안정성을 보완하는 방법을 모색한다. 압축구조에서는 순수압축만이 아니라 얼마간의 휨응력에 견디는 부재 성능을 확보하기도 한다. 더구나 압축응력의 경우에는 필연적으로 좌굴이 동반되기 때문에 얇고 가는 부재의 경우에는 압축구조시스템의 형태를 취하였다 해도 휨응력의 저항이 요구되기도 한다.

형태저항구조라고는 하지만, 실제 구조물에서는 이러한 이유로 하중의 변화에 따라 즉각적으로 형태를 변화시키는 것이 불가능하므로 순수한 인장이나 압축응력만으로 저항하는 것을 기대하기 어렵다. 때문에 예로써, 옆의 그림처럼 과거 돌로 된 건축물들을 살펴보면 순수 저항형태인 역현수곡선이나 역포물곡선이 아닌 반원아치 등이 더 많이 보여진다. 이러한 반원아치들은 형태규칙을 완벽하게 지키지 않은 대신 석재의 곡선 안에 실제 연력도 곡선인 포물곡선을 담을 수 있을 만큼 충분한 두께를 가지고 있어서, 압축 외에도 다양한 힘을 감당할 수 있게 하는 것이다. 연력도 곡선과 불일치하는 부분이 약간의 휨응력을 감수하는 부분이 된다.

언급한 대로 순수압축응력을 발휘하기 위해서는 입면상의 형태가 아치형처럼 변화한다. 그렇다면 인장구조의 원리와 동일하게 지지점에서는 수평추력이 당연히 발생할 것이다. 그러나 이번엔 그 방향이 반대이다. 인장구조에서 이 수평추력이 지지되지 않는다면 구조체가 안으로 끌려 들어와서 망가져 버리듯이, 압축구조에서는 바깥으로 밀쳐내는 추력이 발생하고 이것을 지지하지 못한다면 구조시스템은 붕괴될 것이다. 인장과 압축, 어느 쪽이든 이 추력에 대한 저항은 형태저항구조의 필수적인 요소이다.

인장구조에서는 부재의 늘어뜨려진 정도(sag)에 따라 추력과 부재응력이 변화하였던 것처럼 압축구조에서도 역시 곡선의 높이(rise)가 변수가 된

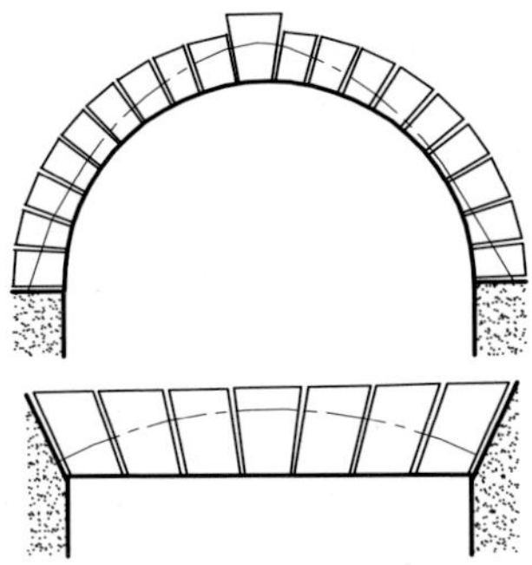

하중에 따라 즉각적으로 반응할 수 없는 아치는
충분한 두께로 만들어진다.

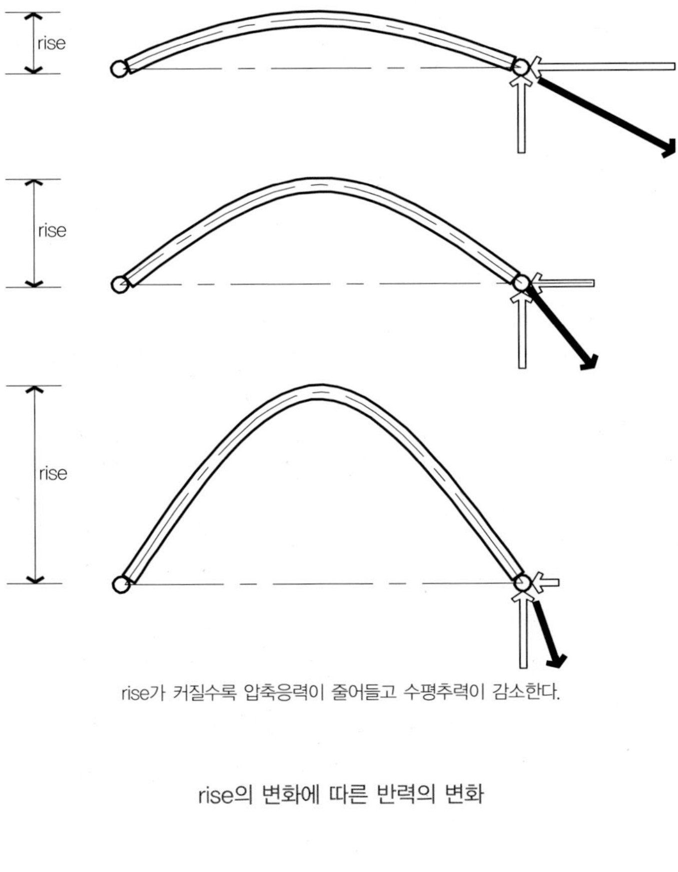

rise가 커질수록 압축응력이 줄어들고 수평추력이 감소한다.

rise의 변화에 따른 반력의 변화

다. 옆의 그림과 같이 높이를 높일수록 부재는 많이 소비되고 만들어내기 어렵겠지만, 아치 내의 압축응력은 감소되고 외부로 밀어내는 추력 또한 감소된다. 돌을 이용한 조적구법이 절정에 이른 후기 고딕시대, 아치의 상부점이 높이 올라간 포인티드 아치가 유행했던 이유를 알 수 있지 않을까.

휨구조시스템

Flexure Structure System

우리에게 존재하는 본질적인 두 가지 힘, 인장과 압축의 형태저항 구조시스템을 이번에는 동시에 함께 사용해보자. 먼저 첫 번째 그림에서 아래쪽에 있는 현수구조를 보면 내부로 당겨지려는 추력을 느낄 수 있다. 이때 상부에 압축을 이용하는 아치를 놓으면 좀 전에 느껴지던 당겨지는 추력을 느낄 수 없을 것이다. 아치에서 발생하는 바깥으로 뻗어가려는 추력과 현수구조의 안으로 들어오려는 추력이 서로 상쇄되기 때문이다. 아치와 현수, 이 두 구조가 함께 쓰임으로써 이 구조는 각자 순수 응력상태로 하중을 견디면서도 추력으로부터 자유로운 구조시스템이 된 것을 알 수 있다. 다만 위아래 아치(압축)와 현수(인장)라는 두 가지 구조체가 항상 함께 있어야 하는 것이 필수이다.

아치와 현수구조는 각각 그 처짐(sag)과 높이(rise)를 감소시킬 수 있다. 두 구조체의 높이를 점차로 줄여가면 인장응력선과 압축응력선이 하나의 부재 안으로 들어오게 만들 수 있을 것이다. 물론 이들 부재구성을 하나의 부재로 대체하는 것이 가능하다. 부재 내에 인장과 압축 모두를 저항할 수 있는 요소가 있다면 그렇다. 이것이 바로 휨응력구조시스템이다.

이러한 휨구조의 저항원리는 휨재의 응력분포양상을 보여주는 주응력도를 보았을 때 보다 분명해진다. 실제 하나의 휨부재에 힘을 가해 그 안에

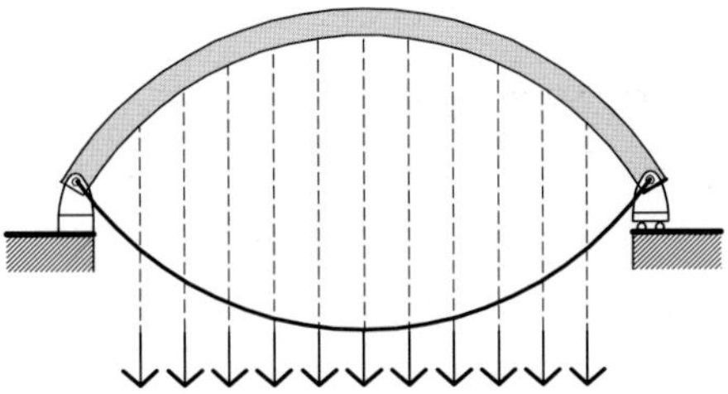

아치와 현수는 서로 추력이 상쇄된다.

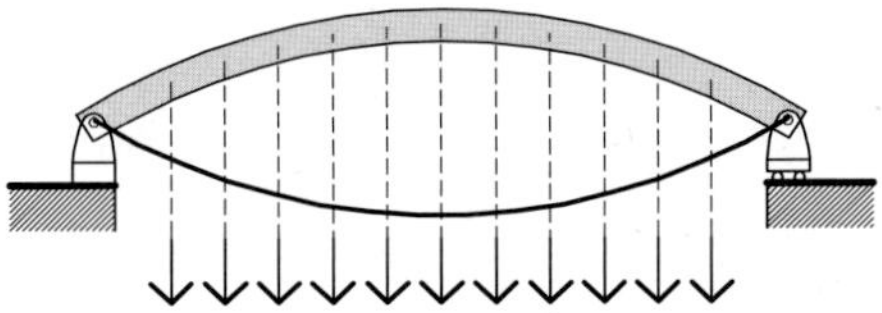

sag와 rise를 줄여간다.

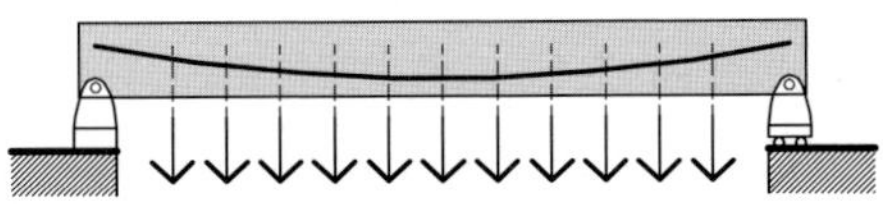

하나의 단면에서 일체가 된다.

휨부재

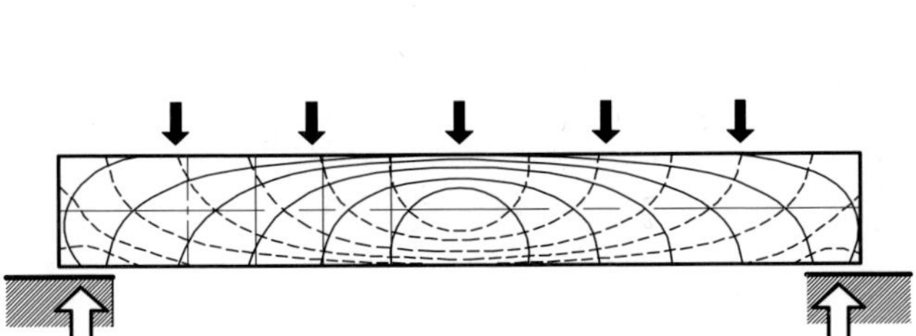

휨부재의 주응력도

휨구조시스템의 원리

서 벌어지고 있는 힘의 흐름 양상을 살핀 주응력도를 보면, 그림에서와 같이 인장(점선)은 현수선의 곡선을 보이며 하부에 집중적으로 작용하고 압축(실선)은 아치곡선을 보이며 상부에서 집중적으로 나타나는 양상을 보인다.

이렇듯 압축과 인장이 함께 하나의 부재 안에서 요구되기 때문에 휨재는 케이블과 같은 연성부재나 벽돌 같은 조적재에서는 발휘가 불가능하다. 압축강성을 가지고 있으며 동시에 인장능력도 가지고 있는 재료만이 활용 가능하다. 예를 들어, 우리가 현재 흔히 사용하고 있는 철근콘크리트를 살펴보자. 압축능력만을 가진 콘크리트를 휨재로 사용하기 위해 필요한 인장 부위에 인장능력을 가진 철근을 끼워넣은, 매우 용이주도한 방식인 것이다.

휨응력구조시스템은 순수 인장과 압축의 두 구조를 함께 사용함으로써 두 구조가 가지고 있던 추력과 형태저항구조의 원리로부터 자유로워진다. 따라서 구조체 구성에 있어 형태의 제한이 없어지면서 휨재는 수평 혹은 자유곡선 등 어떠한 형태로든 저항할 수 있게 된다. 그리고 수평반력이 필요 없어 하부지지점으로부터 독립적으로 거동할 수 있다.

또한 현수구조와 아치구조가 각기 처짐과 높이를 증가시킴에 따라 구조부재의 부담을 줄이고 정착력을 감소시켰듯이, 휨재에서도 부재의 깊이(depth)를 증가시키면 더 많은 힘에 저항할 수 있는 조건이 된다. 이러한 이유 때문에 3장에서도 언급한 것처럼 휨능력을 증가시키는 것은 깊이가 깊어지는 부재의 형상과 관계가 있으며, 이미 우리는 휨재를 제작할 때에 폭이 좁고 깊이가 긴 형태를 취하는 것이 습관화되어 있다.

실제 건축부재 중에 공장에서 이미 만들어져 나오는 철골부재들을 보면, 휨에 주로 저항하는 역할을 하는 부재, 예를 들어 보로 쓰이는 부재들은 폭이 좁고 깊이가 깊은 직사각형 꼴의 형태를 가지고 있는 것들이다. 철골부재 중에는 압축과 인장이 집중되는 상단부와 하단부에만 재료를 집중적으로 배치하는 기형 단면이 흔히 눈에 띄는데, 이런 부재들이 휨응력의 패

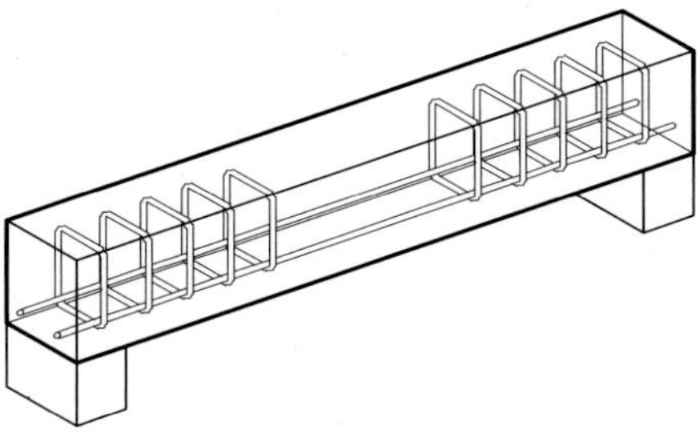

철근의 인장력으로 보강된 콘크리트 보

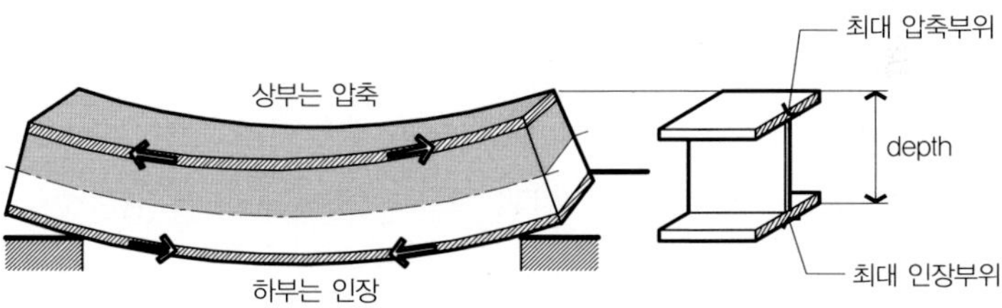

부재의 효율을 극대화한다.

휨구조시스템의 특성

턴을 고려하여 특별히 고안된 부재들이다. 이를 흔히 H형강이라 부른다.

그렇다면 폭에 비해 깊이가 깊기만 하면 무조건 휨에 유리할 것인가. 기억해야 할 것이 있는데, 휨부재 안에 반쪽은 항상 압축이 발생하고 있다는 것이다. 압축은 좌굴이 동반되므로 휨응력 중에 반쪽에 해당하는 압축도 항상 좌굴이 일어날 것이다. 그림에서와 같이 아래로 휘는 휨재에서는 상부 압축으로 인해 옆으로 좌굴이 발생하는 현상을 보인다. 부재 전체가 동일하게 압축을 받는 부재들과 달리 상부에서만 압축을 받기 때문에 그 좌굴의 양상이 기둥과 같은 부재와는 조금 다른 것을 알 수 있다. 휨재에서 일어나는 수평방향의 좌굴을 전문용어로는 횡좌굴이라고 부른다.

휨현상을 좀더 자세히 들여다보자. 압축과 인장구조시스템에서는 외부에서 가해지는 힘이 부재길이 전체를 따라 고르게 작용하는 것으로 가정할 수 있었지만, 휨은 좀 양상이 다른 것이 눈에 띈다. 지지점을 양 끝에 가지고 있는 휨재의 경우, 휘어지는 정도가 전체길이에 걸쳐 같지 않다는 것을 알 수 있을 것이다. 양 지지점은 아래에서 받치고 있으니 당연히 휠 일이 없다. 휨모멘트가 0이다. 그럼, 어디서 제일 많이 휘게 될까. 가운데가 가장 많이 처지면서 휘어지려고 하고 있을 테니 휨응력이 가장 많이 발휘되어야 할 곳이 틀림없다. 오른쪽의 그림과 같은 지지의 구조에서는 중앙부분에서 최대 휨모멘트가 발생한다.

그런데 이러한 휨모멘트 분포양상이 모든 구성에서 동일한가 하면 그렇지 않다. 간단한 예로 좀 전의 보를 조금 더 길게 하여 양 지지점 바깥으로 내어보자. 좀 전의 예처럼 지지점에서 휨모멘트가 0이 될 것인가. 그렇지 않을 것이라는 짐작이 든다. 내밀어진 부분이 아래로 휘려고 하는 성질을 가지고 있을 것이기 때문에 지지점에서는 아래로가 아니라 위로 휘려고 하는 성질이 발생하며, 이 역시 휨응력이 요구되는 상황이라는 것을 알 수 있

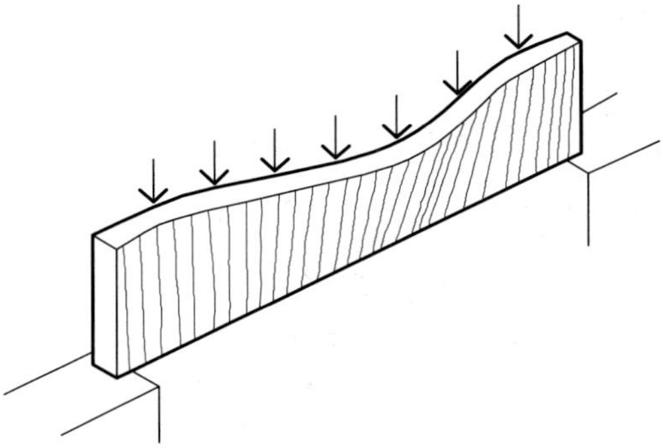

휨부재의 횡좌굴

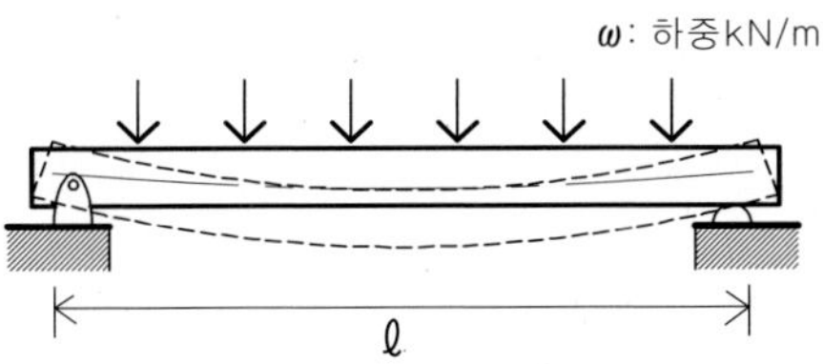

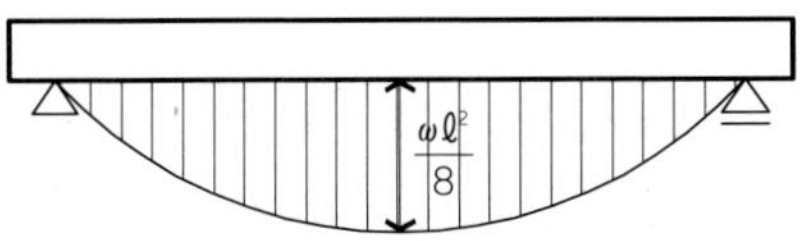

단순보 휨모멘트-중앙부에서 최대가 된다.

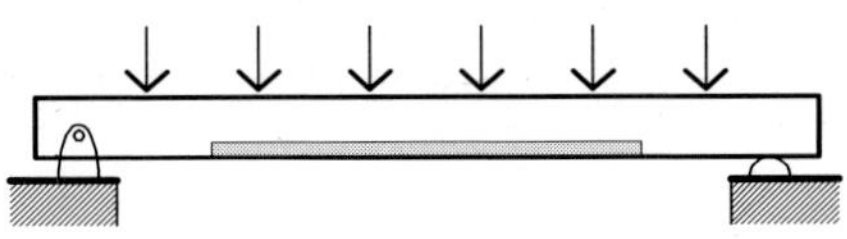

단순보의 철근배근 위치

단순보에서의 휨양상

다. 그러나 이 부분에서 반대로 휘어주는 덕분에 좀 전에 중앙부에서 아래로 처지려 했던 휨모멘트는 많이 감소한다. 이렇게 휨구조시스템은 구성에 따라 저항하는 방식도 달라지게 된다. 즉 구성방식에 따라 인장과 압축부분이 달라져 이에 따라 철근배근 위치도 바뀌고 단면크기도 조정된다.

이 휨모멘트의 분배양상에 영향을 미치는 주요 요소가 휨부재의 접합방식이다. 휨에서는 어떻게 접합할 것인가 하는 점이 중요하다. 왜냐하면 휨은 회전하려고 하는 힘에 저항하는 것이기 때문에 부재를 회전하게 할 것인가 말 것인가를 접합에서 결정해야 하기 때문이다. 구조부재의 접합은 붙이고 난 다음에 어떠한 종류의 힘에 저항할 수 있게 할 것인가에 주안점을 두고 의미를 부여한다. 이동접합(roller), 힌지접합(단순접합, hinge), 고정접합(fix), 크게 세 가지로 나뉘는데, 이중 힌지접합과 고정접합의 차이가 휨모멘트의 배열을 다르게 만드는 중요한 열쇠가 된다. 힌지는 접합되는 부재가 회전하게 허용함으로써 휨에 저항하지 않는 것이고, 고정은 회전하지 못하도록 일체로 접합하여 휨에 저항하는 접합법이다. 이들 접합의 차별성에 따라 모멘트의 전달이 달라지고 부재 내에서 휘어지려고 하는 부분이 변화하는 것이다.

앞 페이지에서 먼저 보인 보는 단순보(simple beam)이라 불리는 가장 대표적인 휨재의 구성인데, 단순보는 가장 간단한 접합으로 지지점 위에 올려놓아 아래로 떨어지지 않게만 하는 단순한 지지, 혹은 접합상태에서 휨저항을 하기 때문에 단순보라고 불린다. 그림과 같이 양단을 힌지로 접합하여 양 지지점으로 휨모멘트를 전달하지 않는 보의 구성형식인 것이다. 그래서 양단의 휨모멘트는 0이고 중앙부에서 최대모멘트('팔분에 오메가 엘 제곱')를 감당하게 된다.

이와 달리 양단을 내밀거나 기둥에 고정접합으로 연결해서 양 단부에서 휨모멘트에 저항하도록 하는 보는 내민보에서 언급한 바와 같이 모멘트의

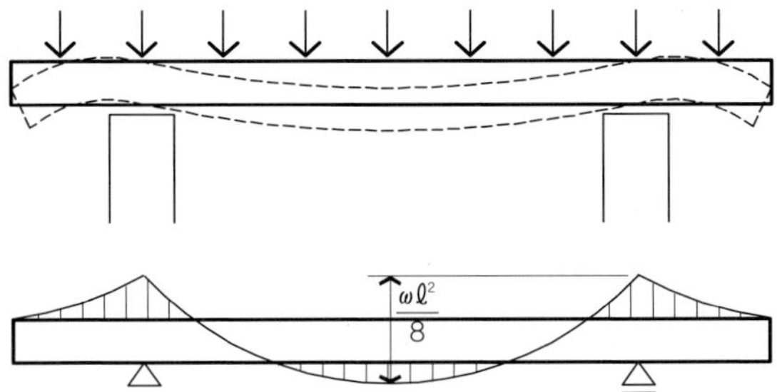

내민보에서의 휨

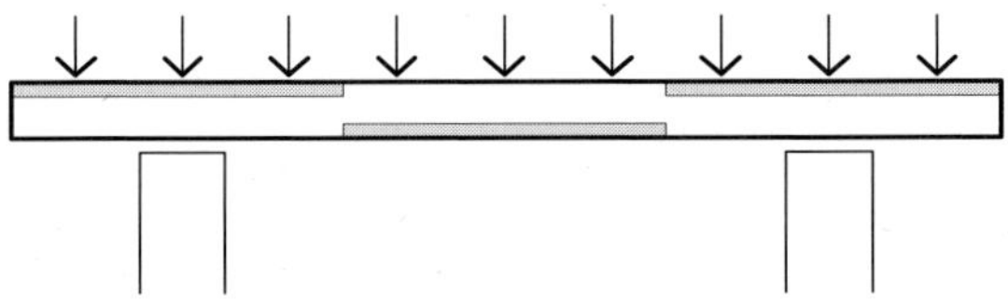

내민보의 철근배근 위치

내민보에서 휨의 양상

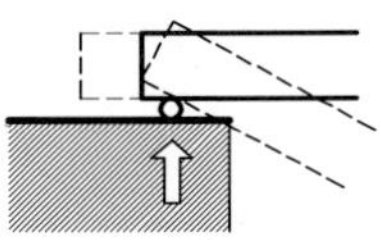

이동접합
rolller

물체는 옆으로 움직일 수
있고 회전도 할 수 있다.

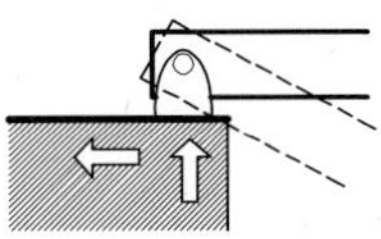

힌지접합
hinge

물체는 회전만 할 수
있다.

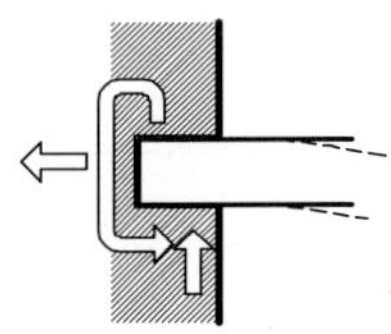

고정접합
fix

물체는 움직일 수 없게 고정된다.
휨에 저항할 수 있게 된다.

구조부재의 접합

휨부재와 접합방식

전달양상이 달라진다. 양 단부를 기둥 등 수직부재에 휨모멘트에 저항하도록 고정접합한 보를 고정보라고 부른다. 일반적인 건축물에서는 단순보보다 흔히 볼 수 있는 유형의 보라고 할 수 있다.

캔틸레버보처럼 접합이 선택적이지 않은 경우도 있다. 캔틸레버보는 양 단부 중 한쪽만 지지되고 다른 한쪽은 공중에 떠있는 것이다. 한군데에서만 지지하고 있는데 이 지점에서 회전을 허용하면 하중을 받았을 때 구조가 성립되지 못하고 빙그르르 돌아버릴 것이다. 그러므로 여기서 단순접합은 사용할 수 없고 고정접합으로 되어야 할 것이다. 이 고정된 부분에서 휨에 저항하는 휨응력이 발생한다.

접합을 지혜롭게 선택하는 경우도 있다. 내민보의 휨모멘트 그림을 보면 단부에서 위쪽이 휘어지다가 중앙부에서 아래로 휘어지면서 단부로부터 1/4쯤 되는 지점은 휨모멘트가 0이 되는 부분이 있다는 것을 알 수 있다. 이 휨모멘트가 0이 되는 지점을 힌지로 접합하면 중앙의 스팬이 조금 짧아진 단순보와 양측에 독립적으로 있을 수 있는 양측 캔틸레버보를 연결하여 긴 내민보를 대신할 수 있다는 것에 착안하게 된다. 오래전(1866년 경) 게르버(Gerber)라는 엔지니어는 이 아이디어를 긴 교량을 만들 때 실천에 옮겼다. 당시 어려웠던 장스팬의 교량을 만드는 일은 이 게르버 시스템으로 인해 쉬워졌고, 이 기술은 현재까지 이어지며 모멘트가 0이 되는 지점에서 모멘트를 전달하지 않는 단순접합으로 연결된 보를 게르버보라고 부른다. 종합하면, 휨모멘트가 지배적인 건축구조의 설계에서는 건물의 구성에 따라 접합방식을 선택해가며 힘의 전달을 안전하게도 하고 지혜롭게도 하는 설계능력이 필요한 것이다.

현수구조나 아치구조처럼 눈에 보이는 형태는 변화하지 않지만, 휨응력 부재의 내부 양상은 접합이나 부재구성에 따라 다양하게 변화하며, 더구나 하나의 단면 안에서 인장과 압축측으로 나뉘어 저항한다. 하나의 구조체로

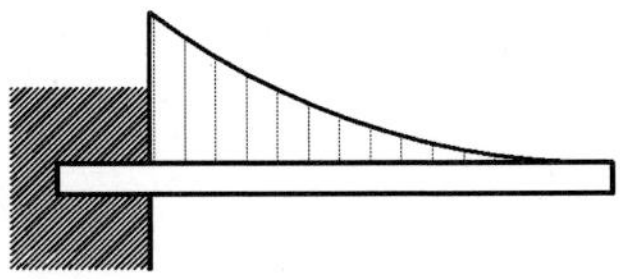

캔틸레버보

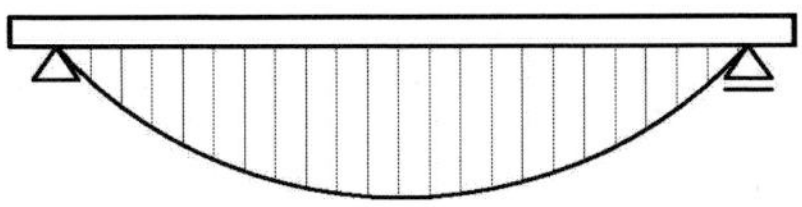

단순보

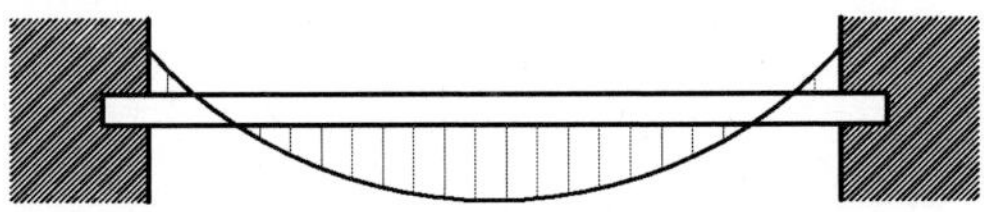

고정보

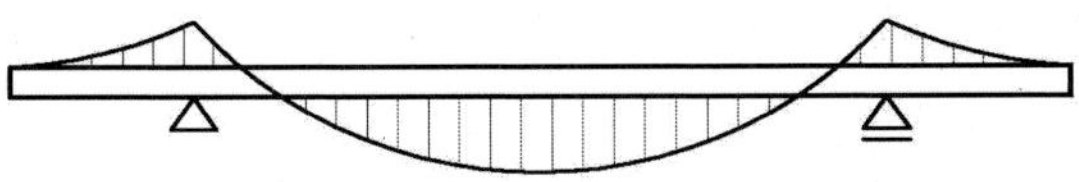

내민보

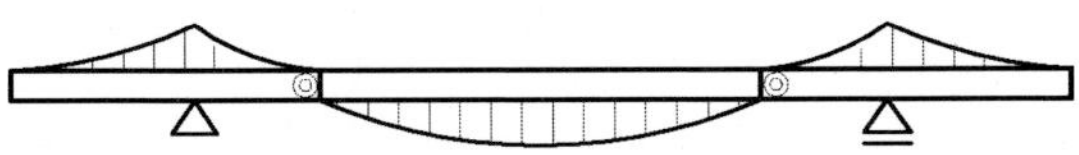

게르버보

휨재의 종류

서로 짜여지고 일체화된 기둥과 보와 같은 부재들 안에서 이 휨모멘트가 어떻게 분배되어 있는지를 밝혀내고 적절히 휨응력을 발휘하도록 설계하는 일이 휨구조시스템 설계 시 주요 관심사이고, 또한 어려운 일이기도 하다.

축력조합 구조시스템_ 트러스
Vector Structure System_ Truss

인장, 혹은 압축 중 하나의 응력만을 사용하는 형태저항구조는 단일응력부재를 사용하여 휨구조보다 높은 구조능력을 발휘할 수 있지만, 정해진 형태를 유지해야 하고 추력에 대한 저항을 고려해야 하는 등 어려움이 만만치 않다. 휨구조는 형태와 추력에서 자유롭지만 효율이 떨어진다. 부재 내에 하나의 응력만을 발휘하면서도 추력으로부터 자유로워지는 방법은 없을까. 구조시스템에서 반드시 인장과 압축 중 어느 한 가지 응력만을 활용해야 하는 것은 아닐 것이다. 두 가지 힘을 병행해서 활용하는 아이디어를 통해 형태저항구조의 단점을 극복할 수는 없을까.

이 문제의 해결이 축력부재의 조합을 통해 이루어진다. '축력' 부재란 무슨 뜻일까. 이제까지 우리가 살펴본 구조시스템의 부재들은 가운데에서 하중을 받아 그것을 양 옆으로 옮기는 역할을 하는 부재들이었다. 이것은 수직방향으로 작용하는 하중을 부재를 따라 수평방향으로 바꿔 우회시켰다는 의미였다. 이와 달리 부재의 가운데가 아니라 길이방향으로 힘이 작용하면 부재는 부재축을 따라 손쉽게 하중을 전달할 수 있을 것이다. 이것을 '축력(axial force)' 이라고 하며 축력에 저항하는 부재를 축력부재라고 하는데, 여기에는 인장과 압축부재 두 가지가 있다. 이 축력부재 하나만으로 위에서부터 내려오는 하중을 옮겨 빈 공간을 만들어낼 수는 없을 것이다. 그러나 인장과 압축 축력부재를 조합하면 가능해진다. 이것이 축력조합구조의 기

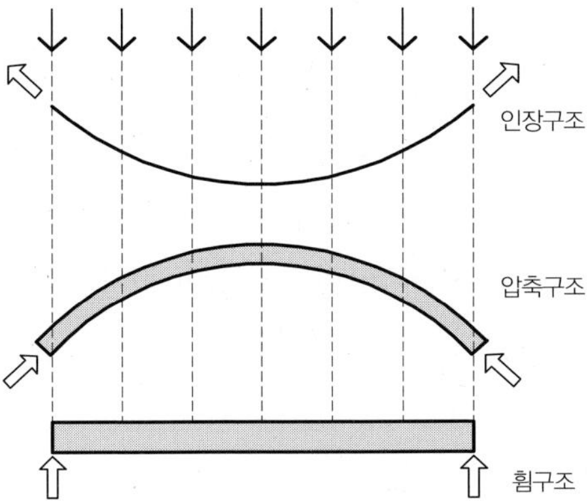

가운데 오는 하중을 양 끝으로
전달하는 구조부재들

하중을 우회시킨다.

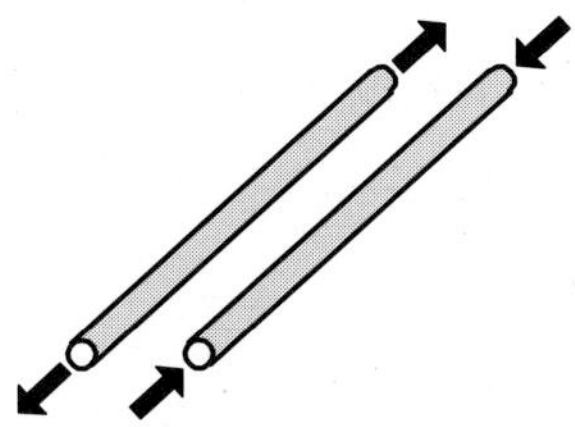

부재 양끝에 작용하는 하중을
직접 전달하는 구조부재들

축력부재

축력부재의 의미

본 아이디어이다.

먼저 인장구조시스템에서부터 시작해보자. 그림처럼 케이블을 양 지지점 사이에 걸고 중앙에 하중을 걸어본다. 케이블은 당겨지면서 인장구조로 작동하기 시작한다. 동시에 안으로 들어오려는 추력이 발생할 것이고 지지점에서는 이에 저항하는 지지구조가 필요하다. 이때 지지점 사이에 압축재를 삽입해 보자. 안으로 들어오려는 추력을 그 압축재가 감당하면서 당겨진 하나의 하중에 대한 구조시스템은 독립적으로 성립된다. 다만, 이제는 인장응력부재만이 아닌 압축과 인장의 축력부재를 삼각형으로 조합한 구조시스템이 되었다.

이제 지점 사이를 넓게 하기 위해 이 유닛을 늘려보자. 두 개의 유닛이 접합되는 중앙지점이 회전하는 것을 막기 위해 각 유닛의 하부 꼭짓점 사이를 연결하면(하현재) 이 구조시스템은 안전하게 두 개의 하중을 지지할 수 있을 것이다. 물론 인장으로 인한 추력은 상부의 압축재(상현재)가 담당한다. 이와 유사하게 유닛을 계속해서 연결해 나가면 긴 길이의 구조시스템을 인장과 압축부재만을 조합하여 구성해 나갈 수 있다.

같은 트러스를 이번에는 다음 페이지 그림처럼 바깥으로 밀어내는 추력을 가진 산형 압축구조에서 출발해 생각해보자. 중앙에 가해지는 하중으로 인해 삼각형을 이루는 선부재에는 압축응력이 발생하고 지지점에서는 바깥으로 향하는 추력이 발생할 것이다. 이때 바깥으로 향하는 추력을 당길 수 있는 인장재를 지지점 사이에 걸어준다면 구조체는 추력으로부터 자유로워진다. 또 다시 인장과 압축응력을 발휘하는 부재만으로 하나의 하중을 전달하는 독립적인 삼각형의 트러스 구조시스템이 된 것이다. 이 구성이 좀 전에 고찰했던 트러스 유닛과 역전된 원리를 보여주고 있다는 것 역시 알 수 있으리라 본다. 인장과 압축이 서로 역전된 원리를 가지고 있다는 것을 생

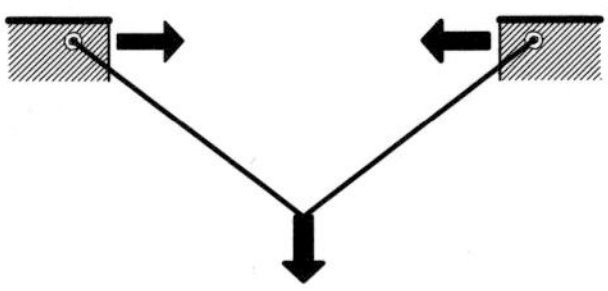

당겨지며 안으로 추력 발생

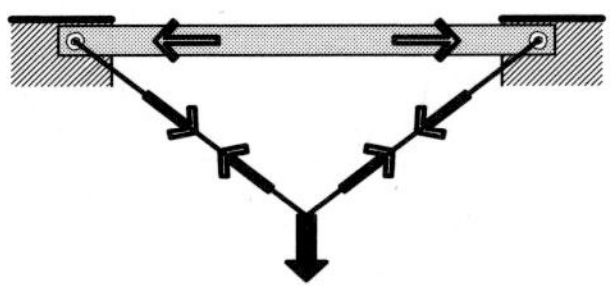

압축부재 삽입으로 트러스 완성

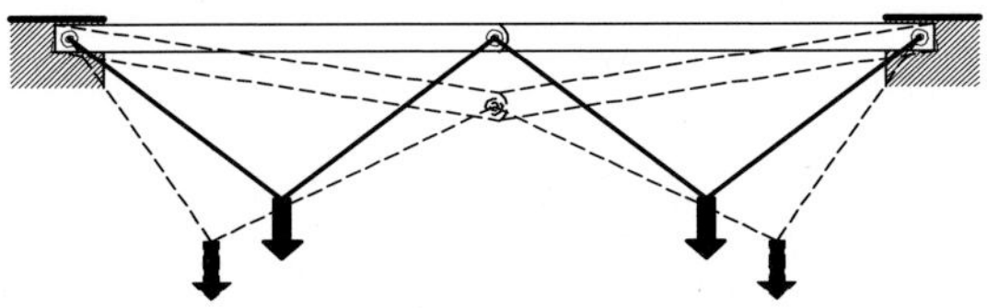

가운데가 핀이면 아래로 처져 내린다.

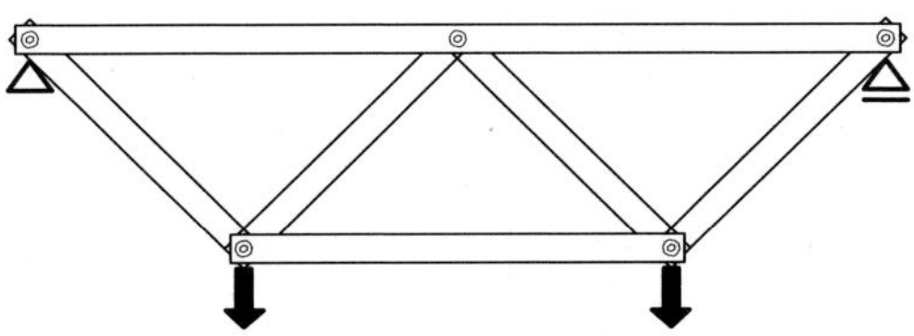

하부에 인장부재 추가로 안정성 획득

인장구조에서 시작하는 트러스의 원리

각하면 늘 쉽게 이해할 수 있을 것이다.

다시 이 기본형 유닛을 연결해 연장해 보자. 역시 중앙의 회전점 때문에 상부 중앙에 새로운 압축재를 필요로 할 것이다. 이로써 상현재는 압축재, 하현재는 인장재로 구성된 긴 트러스를 구성해낼 수 있다. 이것이 실제에서 가장 흔하게 볼 수 있는 트러스 중 하나인 워렌 트러스(Warren truss)의 구성원리이다.

축력조합구조가 되기 위해서 중요한 것은 하중이 부재 중간에 작용해서는 안 된다는 것이다. 비나 바람, 혹은 사용하중조차도 모든 하중이 트러스의 절점에 집중하중으로 작용해야 한다. 그래서 실제 지어진 건물은 보면 지붕이나 바닥 등의 하중을 트러스의 절점으로만 옮겨놓는 중도리 같은 작은 부재들이 덧붙여져 있는 것을 볼 수 있다. 그리고 부재들이 정확하게 절점에서 잘 모아져야 힘이 축력으로 전달될 수 있을 것이다. 이렇게 부재 중간에 작용하는 하중을 피해야만 트러스 부재 안에 휨모멘트가 발생하는 일이 없게 된다. 물론 축력부재 자신의 무게로 인한 휨은 피할 수 없다. 그러나 짧게 연결되는 부재에서 그 휨모멘트는 무시되고 트러스의 각 부재는 힌지접합만으로 접합된다.

축력조합구조는 형태저항구조가 아니기 때문에 형태적 제한이 없다. 또한 추력에 대한 저항도 필요없이 부재응력에서 휨모멘트를 배제할 수 있다. 여러 부재가 조합되는 방식이지만 안정성 측면에서 봐도 트러스는 상당히 유리한 성질을 가지고 있다. 그림에서 설명한 것처럼 공간을 형성하며 부재가 결합될 때 사각형의 결합은 수평방향의 하중에 대한 안정성을 확보할 것이 별도로 고려된다. 그러나 삼각형의 구성은 근본적으로 안정성을 확보하는 것이 유리하다. 이러한 장점 때문에 축력조합구조는 우리가 사용가능한 구조시스템 중 매우 효율적인 구조방식으로 여겨지고 있다. 따라서 대공간구조나 우주구조 등 구조효율이 요구되는 곳에서 매우 폭넓게 사용되

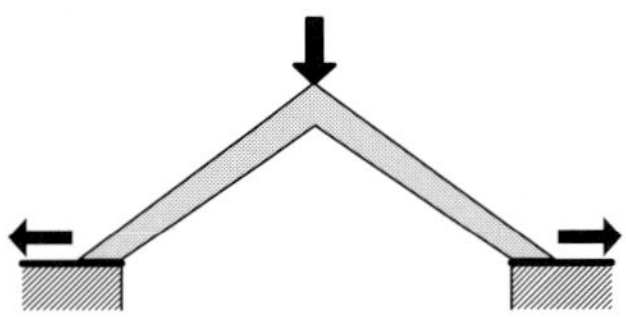

밖으로 밀어내는 추력 발생

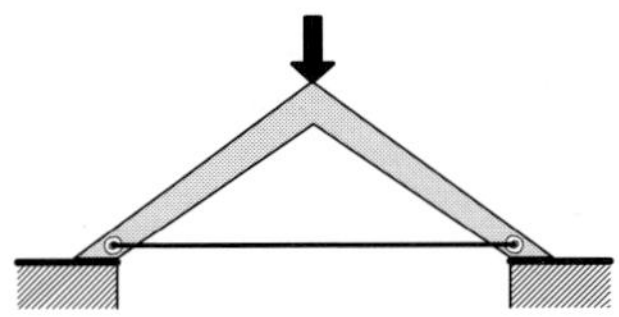

인장부재 삽입으로 트러스 완성

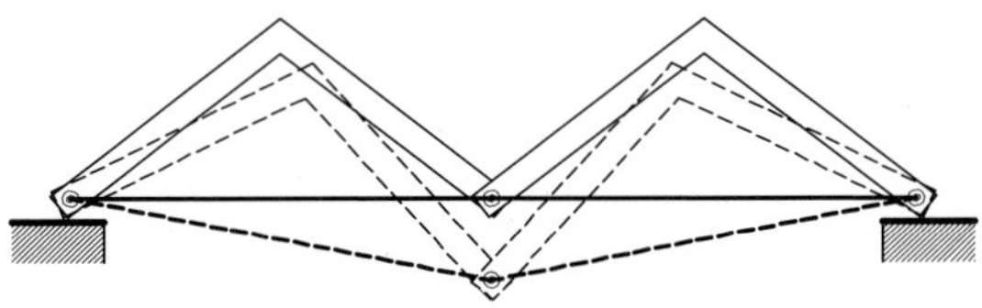

역시 가운데가 핀이면 아래로 처져 내린다

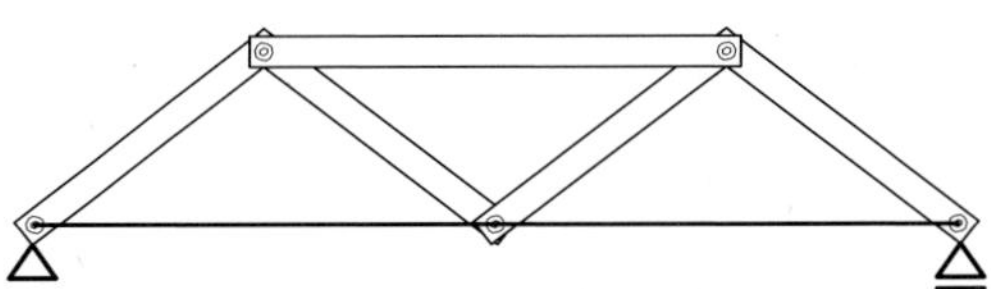

상부에 압축부재 추가로 안정성 획득

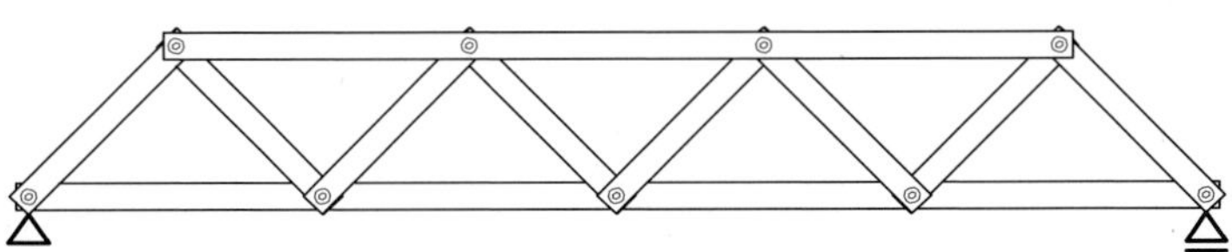

워렌 트러스

압축구조에서 시작하는 트러스의 원리

고 있다.

언뜻 복잡하게 짜여진 것으로 보이나 축력조합구조는 인장과 압축만을 활용하면서도 형태저항구조에서 나타나는 한계(형태변화와 추력)를 능동적으로 해결하고자 한 것이라 간단히 이해할 수 있다. 힘은 인장과 압축이라는 두 가지의 힘으로 요약될 수 있으며, 모든 구조구성의 원리가 이 두 가지 기본 힘의 취급에서부터 시작되어 나아가고 서로 유기적으로 연결되어 있다는 것을 이해하였으면 한다.

산형 트러스 Mountain Shaped Truss

압축응력의 산형 아치로부터 유추해낸 트러스를 좀 더 고찰해보자. 산형의 형태를 그대로 유지한 채로 지지점 사이를 넓혀 트러스를 크게 해야 할 경우도 있을 것이다. 이렇게 되면 자중이 커지는 것은 물론, 하중이 중앙부 꼭대기점 한군데에서만 작용할 리도 없다. 부재의 자중은 무시하더라도 부재 가운데에 여러 하중이 가해지게 될 것인데, 이 하중은 압축부재 한가운데 작용하여 그 부재를 휘어지게 만들 것이다. 즉, 휨응력이 발생될 것이다. 이렇게 되면 축력조합구조의 원리가 깨지게 된다. 따라서 다른 축력부재를 조합하여 긴 스팬을 건너가게 하는 방안을 고안해야 할 듯하다. 이제 아이디어는 여러 갈래길로 나뉘어 발전된다. 트러스는 한두 종류가 아닌 것이다.

먼저 가장 대표적인 왕대공 트러스(King post truss)의 원리를 살펴보도록 하자. 넓어진 산형 트러스의 ㅅ자 부재 중간에 하중이 가해지면 휨모멘트가 생기며 처질 것이다. 중간에 작용하는 하중을 축력으로 전달하기 위하여 부재를 삽입하였다. 이 부재는 큰 ㅅ자 보가 압축력을 받아 하중을 전달하듯이 유사하게 작은 ㅅ자를 이루어 압축응력을 발휘하게 된다. 이때

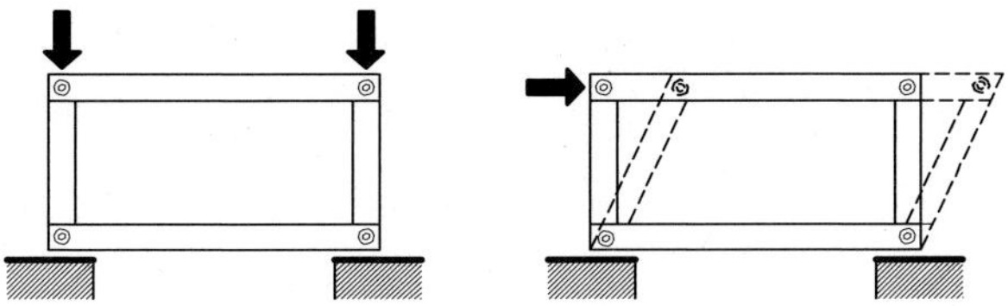

사각형의 구성은 불안정하기 쉽다.

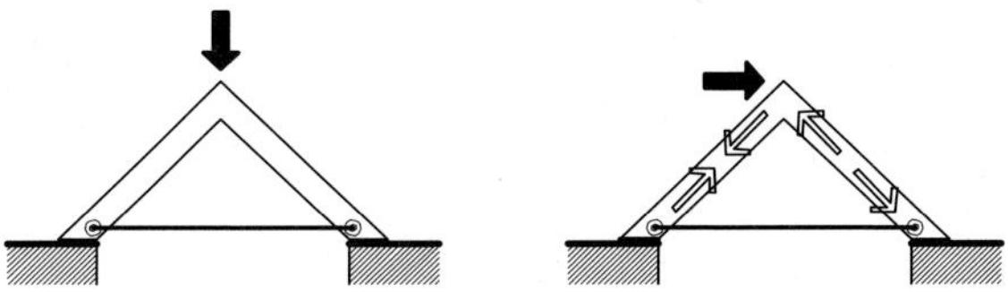

삼각형의 구성은 안정적이다.

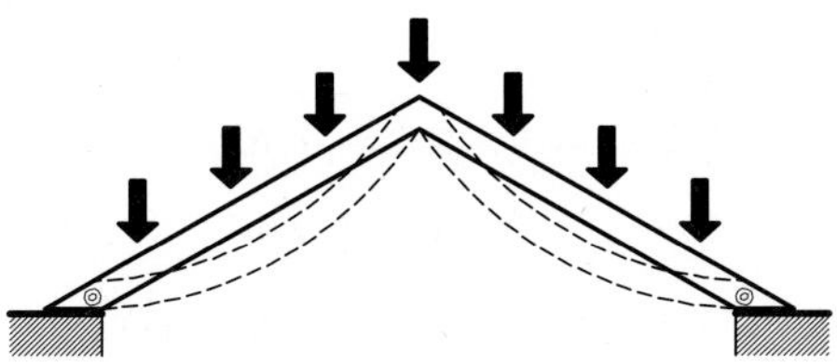

스팬이 넓어져 중간하중이 많아지면 산형 부재는 휘어질 것이다.

산형 트러스

압축부재가 모여드는 하현재의 중앙부는 아래로 처져내릴 수밖에 없을 것이다. 그 처짐을 방지하기 위해 상부 꼭대기점으로 인장재를 연결하여 당겨 올린다. 이렇게 되면 양측 두 개의 집중하중을 더 받아내는 산형트러스가 완성된다. 이와 같이 축력부재의 조합원리를 이용하여, 스팬이 길어지면 보다 더 하중점을 증가시키고 부재를 추가하여 큰 트러스를 구성해 가는 것이다.

이 같은 기본원리에서 출발하여 다양한 산형 트러스를 이해할 수 있다. 압축부재는 길이가 길면 좌굴에 대한 저항이 커져 불리해진다. 압축부재의 길이를 감소시키고 인장재를 추가적으로 배치하는 구성도 가능할 것이다. 이것이 산형 핑크 트러스(Fink truss)라고 불리는 트러스이다. 이 역시 스팬이 길어지면서 부재 수가 늘어간다.

높이 솟은 산의 형태를 띠는 산형 트러스는 실은 가장 오래된 역사를 지닌 구법이라 할 수 있다. 정확한 기원은 알 수 없지만 원시시대 때 목조를 이용한 지붕에서부터 유래되었을 것으로 짐작되며 동서양을 막론하고 목구조에서 발달되어 사용되었다. 서양에서는 로마 판테온의 현관부분에 지붕을 구성하고 있는 왕대공 트러스가 보여지고 있는데, 유럽 전역에서 긴 세월 동안 왕대공 트러스와 퀸포스트 트러스 등의 산형 트러스가 사용되었다.

보 트러스 Beam Truss

인장부재와 압축부재의 조합이라는 원리는 동일한 트러스구조이지만 조금 구성이 다른 트러스에 대해 고찰해 보자. 앞서 설명했던 인장을 기본으로 해서 추력에 저항하는 압축부재를 삽입했던 트러스 유닛을 생각하자. 이 시스템은 이대로 완벽한 트러스 구조시스템이지만, 여기서 삼각형의 아래에 하중을 거는 것이 아니라, 압축부재의 상부에 하중을 얹어놓고 싶다면

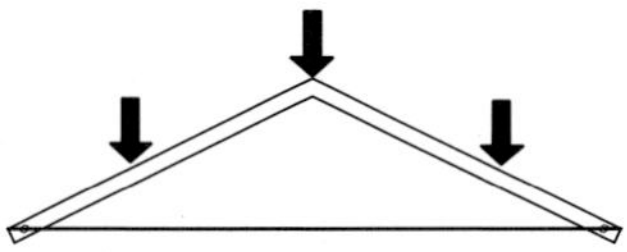

중간하중이 작용하면 부재가 휘어질 것이다.

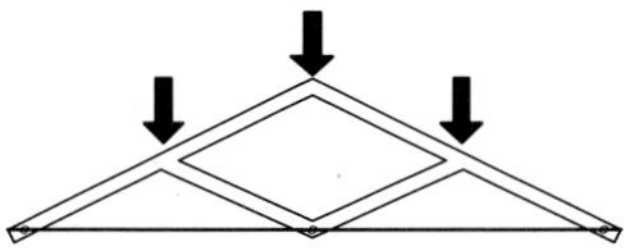

압축재를 삽입하여 휘는 것을 압축으로 전달한다.

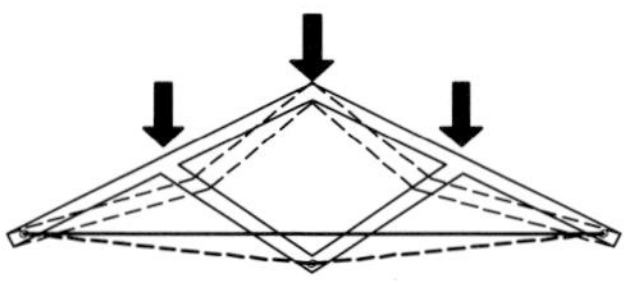

압축재로 인해 하부 인장재가 처진다.

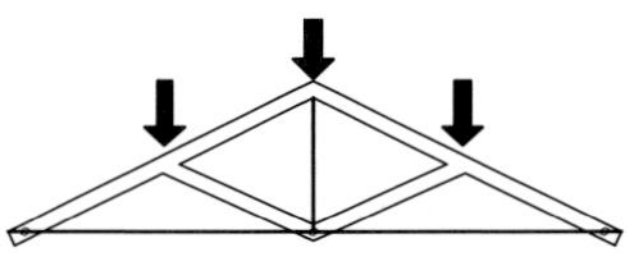

수직 인장재 삽입으로 왕대공 트러스 완성

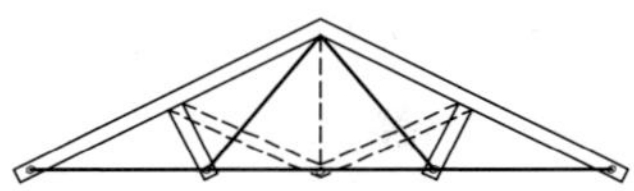

왕대공 트러스보다 짧아진 압축재
인장재는 2개로 늘어난다.

스팬이 길어지면 부재수가 늘어난다.

왕대공 트러스

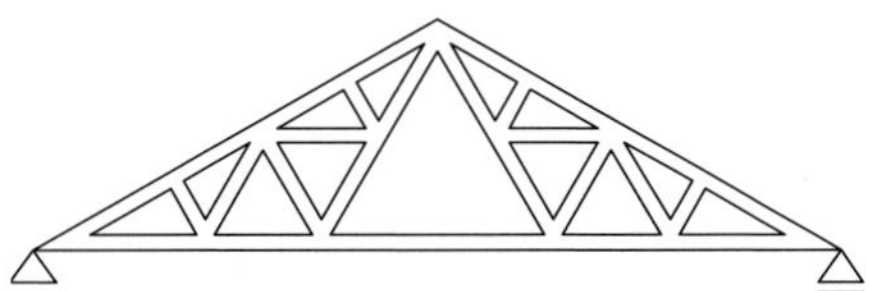

핑크 트러스

산형 트러스 – 왕대공 트러스와 핑크 트러스의 원리

어떻게 해야 할까. 하중을 위로 올려놓고 대신에 그 하중을 아래 케이블로 옮겨줄 세로막대를 추가하여야 할 것이다. 이 경우에도 V자 모양의 인장재로 인해 추력이 발생하게 될 것인데 이 추력은 상부 압축재가 저항하게 된다. 그리고 추가된 세로막대 또한 압축부재이니, 인장과 압축축력부재로 구성된 트러스임에 변한 바 없다.

스팬이 커지면 하중이 가해지는 지점도 더 늘어날 것이다. 하중을 두 개로 늘리고 그에 따라 세로막대도 늘려보자. 어려움 없이 하중을 아래의 하현 인장재로 전달할 수 있을 것이다. 그러나 만일 이 두 개의 하중이 동시에 작용하지 않거나 서로의 하중 크기가 조금이라도 다르다면 어떤 일이 벌어질까. 두 개의 하중 중에 하나가 제거되었다고 생각해보자. 하중이 없어진 부분의 세로막대는 위로 튀어오르며 트러스의 안정은 깨질 것이다. 이 트러스 중앙부에 보이는 사각형 면은 사각형 구성이 늘 그러하듯이 그 자체만으로 안정성을 확보할 수 없다. 따라서 안정적인 구성을 위해 사각형 부분에 가새(brace)를 추가하는 것이 도움이 될 것이다. 그 경사부재는 경우에 따라서는 압축이 되거나 인장이 되면서 트러스의 안정을 확보하는 역할을 한다.

세로막대가 홀수가 되면 균형 맞추기는 더 편안해진다. 왜냐하면 추가하는 경사부재가 대칭이 되기 때문이다. 이 경사부재는 놓여지는 방향에 따라서 인장이 되기도 하고 압축이 되기도 한다. 어느 경우가 인장이고 어느 경우가 압축이 될지는 형태저항구조의 원리를 생각하면 쉽게 파악할 수 있다. 앞의 그림처럼 중앙을 향하여 아래로 모아지는 경사부재는 중앙에 하중이 걸린 V자 케이블을 떠올리게 한다. 인장응력을 가지는 경사부재를 이어붙여 긴 트러스 부재를 구성해낼 수 있다. 이것이 프랫 트러스(Pratt truss)의 원리이다.

반대로 경사부재를 중앙에서 산형을 이루도록 배치한 경우는 산형 아치

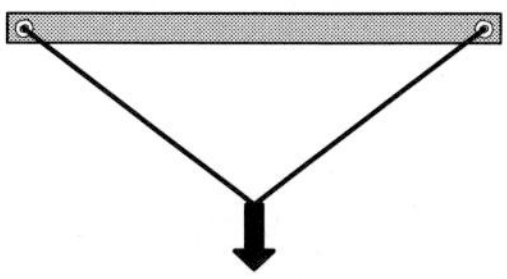

하중이 아래에서
작용할 때의 트러스

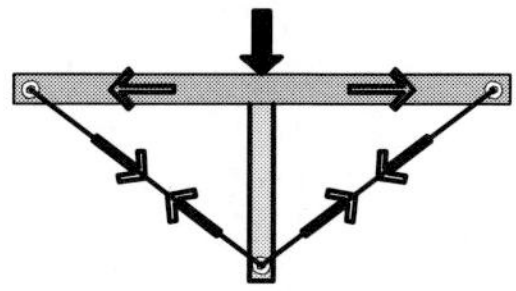

하중이 위에서
작용할 때의 트러스

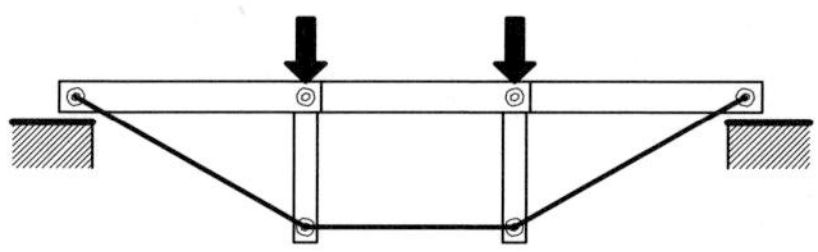

2개의 하중이 매달린 연력도 형과 동일

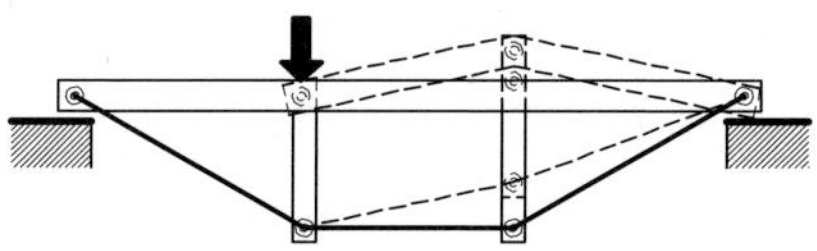

하중이 비대칭되면 안정성이 깨진다.

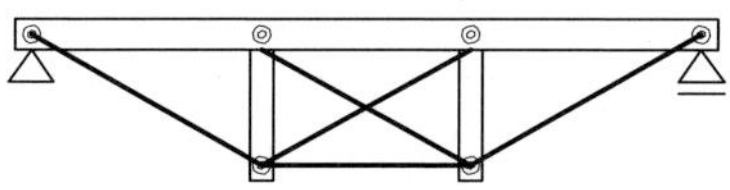

경사부재를 추가하여 안정성 획득

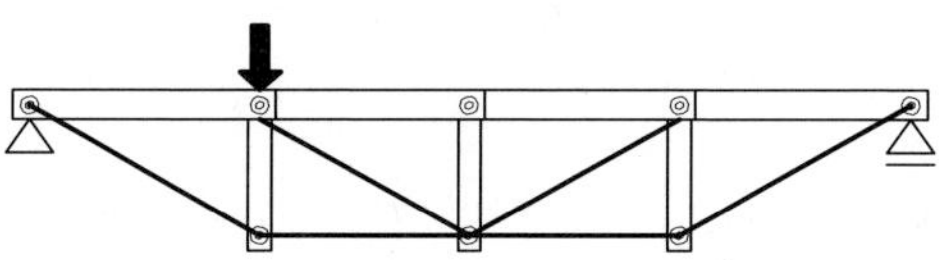

경사부재가 인장재인 경우 - 프랫 트러스

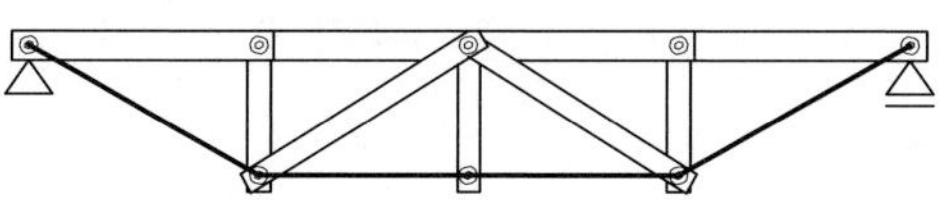

경사부재가 압축재인 경우 - 하우 트러스

보 트러스의 구조원리

를 떠올리게 한다. 압축응력을 가지는 경사부재를 활용하는 경우이며, 이 트러스는 하우 트러스(Howe truss)라고 불린다.

이러한 직선형의 긴 부재모양의 트러스를 보 트러스라고 부르기도 하는데, 구성이 용이한 이 프랫 트러스와 하우 트러스는 워렌 트러스와 함께 보 트러스의 구성에 매우 빈번히 사용된다. 특히 프랫 트러스와 하우 트러스를 역전시켜 비교해보자. 동일한 구성을 가지고 있음을 알 수 있는데, 다만 인장부재는 압축으로 압축부재는 인장으로 바뀌는 것을 알 수 있다. 이것 또한 인장과 압축이라는 힘의 역전원리가 그대로 반영되어 있다는 것을 알 수 있게 하는 한 예이다.

이 원리의 이해를 돕기 위해 두 가지 트러스의 뒷배경에 앞서 살펴본 휨응력구조시스템에서 보의 주응력도를 겹쳐 놓아 보자. 직선의 보에서 양 지점으로 하중을 옮겨놓기 위해 보의 내부에서 발생하는 인장(점선)과 압축(실선)의 흐름을 볼 수 있다. 그 흐름과 프랫 트러스의 구성 혹은 하우 트러스의 구성이 매우 일치하는 것을 알 수 있다. 보 트러스는 실제 보에서 일어나는 힘의 흐름이 집중되는 곳에 축력부재를 배치함으로써 하중을 전달하고 있는 것이다. 보의 전체의 재료량을 줄이고 그로 인해 자중을 줄이는 효과를 가져오는 것이고, 보가 가지고 있는 형태구성상의 자유로움은 공유할 수 있다. 다시 한번 보 트러스를 휨부재의 개선된 부재방식(improved section)이라고 부르는 이유를 이해할 수 있을 것이다.

다양한 방식의 구조시스템이 있는 것 같지만 힘의 원리는 동일한 것에서부터 출발한다. 본 장에서 설명한 기초적인 구조시스템의 원리를 이해한다면 공간을 만들어내는 힘의 원리 전반을 파악할 수 있으리라고 본다. 각 구조시스템의 본질적인 원리와 유기적인 관계를 주목하여 힘에 저항하는 구조를, 그리고 건축과 함께 존재하는 구조를 이해해 주길 기대한다.

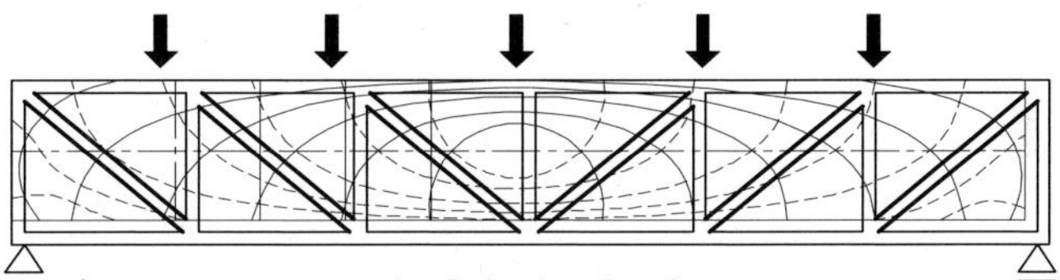

보의 주응력도와 프랫 트러스

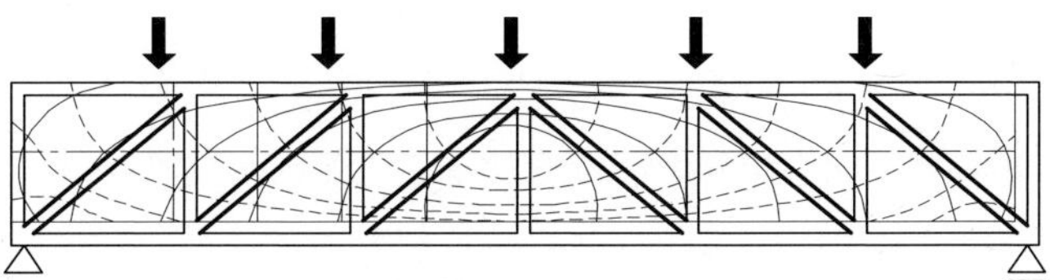

보의 주응력도와 하우 트러스

보 트러스는 휨재의 개선된 단면이다.

보 트러스와 휨재의 관계

좀 더 읽어보기

• Heino Engel, "Structure Systems", Gerd Hatje Publishers, 1997.
• B. Hilson, "Basic Structural Behaviour", Thomas Telford, 1993.
• E. Allen, "How Buildings Work", Oxford University Press, 2005.
• F. Moore, "Understanding Structures", McGraw-Hill, 1999.
• M. Salvadori, R. Heller 저, 윤일주 김용부 역, "건축의 구조", 기문당, 1993.
• F. D. K. Ching, "Building Construction Illustrated", John Willy & Sons, 2008.

참고문헌

- 金多 潔 저, 김종성 역, “철골구조의 이야기”, 탐구문화사, 1997.
- 김승제 박열 저, “근대 건축의 흐름”, 기문당, 2008.
- 대한건축학회 편저, “건축물 하중기준 및 해설”, 대한건축학회, 2000.
- 로버트 마크 외 공저, 김태중 조형래 역, “서양건축기술사”, 경남대학교 출판부, 1999.
- 로버트 마크 저, 권영재 역, “빛과 바람과 구조”, 도서출판 화영사, 2001.
- 박찬수 · 이주나, “구조를 이용하는 건축디자인의 구성수법과 전개현황”, 대한건축학회논문집 계획계, 제 25권 제 1호, 2009. 1., pp.145-154.
- 사이토 마사오 저, 박찬수 박선우 이주나 역, “건축 공간 구조이야기”, 기문당, 2005.
- 이주나 · 박찬수, “건축구조시스템의 형식과 구성요소분석”, 대한건축학회연합회논문집, 4권 4호, 2002. 11., pp.103-110.
- 정상진 외 10인 저, “건축재료학”, 보성각, 1995.
- 정상진 외 8인 저, “건축일반구조학”, 기문당, 2003.
- 함인선 저, “구조의 구조”, 도서출판 발언, 2001.
- 大橋雄二 저, “日本 建築構造基準 變遷史”, バラク建築, 1993.
- 藤本盛久 편저, “構造物の技術史”, 市ケ谷出版社, 2003.
- 安藤直見외 2인 저, “建築のしくみ”, 丸善株式會社, 2008.
- 坪井善昭외 4인 저, “「広さ」「長さ」「高さ」の構造デザイン”, 建築技術, 2008.
- A. Hanaor, “Principles of Structures”, Blackwell Science, 1998.
- A. Holgate, “The Art in Structural Design”, Clarendon Press, 1986.
- A. J. Macdonald 저, 유우상, 이수권, 최상민 역, “건축의 구조와 디자인”, 시공문화사, 2003.
- A. W. Charleson, “Structure as Architecture”, Architectural Press, 2005.
- A. Zannos, “Form and Structure in Architecture”, Van Nostrand Reinhold, 1987.
- B. Hilson, “Basic Structural Behaviour”, Thomas Telford, 1993.
- D. L. Schodek, “Structures”, Prentice-Hall Inc, 1980.
- D. Seward 저, 강주원외 4인 공역, “구조의 이해”, 기문당, 2002.
- E. Allen, “How Buildings Work”, Oxford University Press, 2005.
- F. D. K. Ching 외 2인 저, “A Global History of Architecture”, John Willy & Sons, 2007.
- F. D. K. Ching 외 2인 저, “Building Structures Illustrated”, John Willy & Sons, 2009.

- F. Moore, "Understanding Structures", McGraw-Hill, 1999.
- F. Wilson 저, 박홍 역, "건축의 구조요소", 도서출판 형제사, 1979.
- F. Wilson저, 김정신역, "건축어휘와 구조의 체득", 명보문화사, 1989.
- Gere & Timoshenko, "Mechanics of Materials", Chapman & Hall, 1991.
- H. J. Cowan F. Wilson, "Structural Systems", Van Nostrand Reinhold, 1981.
- Heino Engel, "Structure Systems", Gerd Hatje Publishers, 1997.
- I. Margolius, "Architects+Engineers=Structures", John Wiley & Sons, 2002.
- J. Ambrose, "Building Structures Primer", John Willy & Sons, 1981.
- M. Levy · M. Salvadori, "Why Buildings Fall Down", W. M. Norton & Company Ltd, 1987.
- M. Salvadori, "The Art of Construction", Chicago Review Press, 2000.
- M. Salvadori, R. Heller 저, 윤일주 김용부 역, "건축의 구조", 기문당, 1993.
- N. Parkyn 편저, 남경태 역, "우리세계의 70가지 경이로운 건축물" 오늘의 책, 2004.
- P. L. Nervi, "Structures" F. W. Dodge Corporation, 1956.
- R. C. Hibbeler, "Structural Analysis", Prentice-Hall, 1995.
- R. J. Mainstone, "Developments in Structural Form", Architectural Press, 2001.
- T. Y. Lin, S. D. Stotesbury, "Structural Concepts and Systems for Architects and Engineers", Van Nostrand Reinhold, 1988.
- W. Schueller, "Horizontal-Span Building Structures", John Wiley & Sons, 1983.
- W. Schueller, "The Design of Building Structures", Prentice-Hall, 1995.
- W. Schueller, "The Vertical Building Structures", Van Nostrand Reinhold, 1990.

사진출처

Chapter 1

1, 6 전재홍 촬영

2 사이토 마사오저 "건축 공간 구조 이야기", 기문당, 2005.

10 김종헌 촬영

13, 18 김근환 촬영

15 웹사이트 http://www.panoramio.com/photo/8973921

16 김인권 촬영

22 김민정 촬영

Chapter 3

2 김인권 촬영

8 한조동 촬영

11 사이토 마사오저 "건축 공간 구조 이야기", 기문당, 2005.

Chapter 4

2, 6, 10, 12, 13, 19, 24, 25, 26, 30, 31, 35, 41, 44, 45, 46, 48, 49, 50, 52, 54
사이토 마사오저 "건축 공간 구조 이야기", 기문당, 2005.

7 전명화 촬영

8 이준형 촬영

27, 32, 33, 37, 38, 39 김승제 박열 저, "근대 건축의 흐름", 기문당, 2008.

40 김종헌 촬영

42 전재홍 촬영

43 F. D. K. Ching 외 2인 저, "Building Structures Illustrated", John Willy & Sons, 2009.

51 김민정 촬영

55 http://www.ktaweb.com/en_index2.html

Chapter 5

12 박찬재 촬영

이 책이 출간될 수 있도록 도와주시고 애써주신 기문당의 강해작 사장님과 편집부에 감사드립니다. 그리고 이 책에 깊은 관심을 기울여 주시고 추천의 말로 격려해주신 일본대학의 사이토 마사오 교수님께 감사드립니다.
책의 도판을 위해 힘써 준 이반건축의 김기호 소장, 충북대학교의 김태희 양, 김두환, 조성철 군 감사합니다. 그 도움, 잊을 수 없을 것입니다. 그리고 이 책을 위해 귀한 사진과 자료를 협조해 주신 많은 분들께 감사드립니다.

모쪼록, 이 책이 도와주신 분들의 뜻에 적게나마 보답하는 책이 되길 바랍니다.

이주나 드림